全国中等职业学校电工类专业一体化教材
全国技工院校电工类专业一体化教材（中级技能层级）

QUANGUO ZHONGDENG ZHIYE XUEXIAO
DIANGONGLEI ZHUANYE
YITIHUA JIAOCAI

电气控制线路安装与检修（第二版）
学生用书
——基本控制线路分册

冯志坚　主编

中国劳动社会保障出版社

简　介

本书是全国中等职业学校电工类专业一体化教材/全国技工院校电工类专业一体化教材（中级技能层级）《电气控制线路安装与检修（第二版）——基本控制线路分册》的配套学生用书。本书以能力为本位，加强学生实践能力的培养，突出职业教育特色，在编写模式上采用企业任务单的形式，将知识点和能力点在施工前准备、现场施工和评价总结三个环节中呈现。本书除包含课后习题外，学生用书还针对教学过程设计了相应的课堂活动内容，注重学生综合素质培养、知识面拓展和能力强化，成为贯穿学生整个学习过程的学习指导材料，引导学生自主学习。

本书由冯志坚任主编，薛营、李爽任副主编，吴新淮、黄耀华、曹双奇参加编写，顾玉娟审稿。

图书在版编目(CIP)数据

电气控制线路安装与检修(第二版)学生用书．基本控制线路分册/冯志坚主编．--北京：中国劳动社会保障出版社，2023

全国中等职业学校电工类专业一体化教材　全国技工院校电工类专业一体化教材．中级技能层级

ISBN 978－7－5167－5705－5

Ⅰ．①电…　Ⅱ．①冯…　Ⅲ．①电气控制－控制电路－安装－中等专业学校－教材②电气控制－控制电路－维修－中等专业学校－教材　Ⅳ．①TM571．2

中国国家版本馆CIP数据核字(2023)第011436号

中国劳动社会保障出版社出版发行

（北京市惠新东街1号　邮政编码：100029）

*

北京市科星印刷有限责任公司印刷装订　新华书店经销

787毫米×1092毫米　16开本　19印张　439千字

2023年4月第1版　2023年4月第1次印刷

定价：39.00元

营销中心电话：400-606-6496

出版社网址：http://www.class.com.cn

http://jg.class.com.cn

目录

课题一
三相异步电动机正转控制电路的安装与检修

任务 1　手动正转控制电路的安装与检修

学习目标

1. 能正确分析手动正转控制电路的工作原理。
2. 能根据电路情况，合理地选择熔断器、组合开关、低压断路器的型号及参数。
3. 能合理地安装并使用熔断器、组合开关、低压断路器。
4. 能按照工艺要求，正确安装手动正转控制电路。
5. 能对手动正转控制电路的故障进行分析与检修。
6. 能自觉遵守 6S 规范，填写验收记录，清理场地，归置物品。

建议学时：8 学时。

工作情境描述

某企业的砂轮机因工作时间较长，出现导线绝缘老化、动作不灵敏等现象，学院组织相关专业学生对该设备按照大修工艺进行检修，要求在2天内完成砂轮机控制电路检修、元器件更换和重新安装接线，并对检修后的砂轮机进行试运行，将检验合格的砂轮机交付验收。

工作流程与活动

学习活动1　明确工作任务，进行施工前准备
学习活动2　现场施工
学习活动3　评价与总结

学习活动1　明确工作任务，进行施工前准备

学习目标

1. 能通过阅读工作任务联系单，明确任务内容及要求等信息。
2. 能分析手动正转控制电路的工作原理。
3. 能按照任务要求，通过查找相关资料，确定更换元器件的型号、规格和数量。
4. 能按照任务要求，制定工作实施方案。
5. 能按照任务要求，做好相关安全防护措施。

建议学时：2学时。

学习过程

一、阅读工作任务联系单

根据工作情境描述，阅读表1-1-1所示工作任务联系单，熟知本次任务的内容及要求等信息。

表 1-1-1 工作任务联系单

<table>
<tr><th>检修项目</th><th colspan="5">砂轮机控制电路故障</th></tr>
<tr><td>任务内容</td><td colspan="5">砂轮机控制电路为三相异步电动机手动正转控制电路，考虑砂轮机的使用状况和其控制电路特点，决定完成以下检修内容：
1. 更换砂轮机控制电路中损坏和不符合质量要求的低压元器件，重新固定元器件并安装电路。
2. 按照设备大修工艺要求，对电路重新布线。
3. 对大修后的电路进行检验和通电试运行</td></tr>
<tr><td>工艺要求</td><td colspan="5"></td></tr>
<tr><td>安全措施</td><td colspan="5"></td></tr>
<tr><td rowspan="2">委托单位</td><td rowspan="2"></td><td>责任人</td><td></td><td rowspan="2">承接时间</td><td rowspan="2"></td></tr>
<tr><td>联系电话</td><td></td></tr>
<tr><td rowspan="2">承接单位</td><td rowspan="2"></td><td>责任人</td><td></td><td rowspan="2">完工时间</td><td rowspan="2"></td></tr>
<tr><td>联系电话</td><td></td></tr>
<tr><td>验收意见</td><td colspan="3"></td><td>验收人</td><td></td></tr>
</table>

二、认识手动正转控制电路

通过观看砂轮机的工作过程，了解三相异步电动机手动正转控制电路。查看砂轮机的控制电路，了解组成该电路的低压电器。

1. 简述图 1-1-1 所示用组合开关控制手动正转控制电路的工作原理。

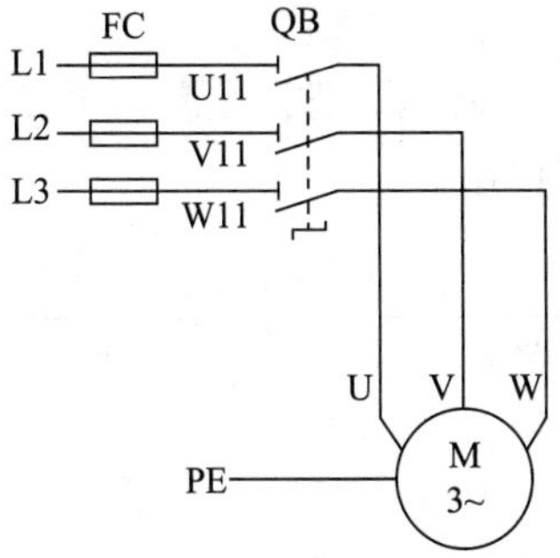

图 1-1-1 用组合开关控制手动正转控制电路

2. 根据图 1-1-1 所示电路，画出用组合开关控制的手动正转控制电路元器件布置图。

3. 根据图 1-1-1 所示电路，画出用低压断路器控制的手动正转控制电路元器件布置图。

4. 根据元器件布置图，画出用组合开关控制的手动正转控制电路接线图。

5. 根据元器件布置图，画出用低压断路器控制的手动正转控制电路接线图。

6. 认识手动正转控制电路中的低压电器，在表 1-1-2 中补充手动正转控制电路所用元器件的名称、符号和在电路中的作用。

表 1-1-2　所用元器件的名称、符号和在电路中的作用

元器件	名称	符号	在电路中的作用

续表

元器件	名称	符号	在电路中的作用

三、制定工作实施方案

通过工作实施方案的制定，明确任务分工和基本工序流程。

手动正转控制电路的安装与检修
工作实施方案

1. 施工流程

手动正转控制电路的安装与检修需要经历三个阶段：准备、安装、检查与测试。

准备阶段：（1）绘制电路元器件布置图和接线图　（2）准备工具、仪表和元器件，检测元器件

⇨ 安装阶段：（1）固定元器件　（2）布线

⇨ 检查与测试阶段：（1）自检、交验　（2）通电试运行

2. 人员分工

（1）小组负责人：__________

（2）小组成员及分工

姓名	分工

3. 工具、材料清单

类别	项目内容					备注
工具						
仪表						
元器件与器材	代号	名称	型号	规格	数量	

4. 工序及工期安排

序号	工作内容	完成时间	备注

学习活动 2　现场施工

学习目标

1. 能按照要求，在控制板上安装低压电气元件。
2. 能按照工艺要求，完成手动正转控制电路的布线。
3. 能检测手动正转控制电路并通电试运行。
4. 能对手动正转控制电路的故障进行分析与检修。
5. 能通过检查与验收查找电路存在的问题，及时改进。
6. 能自觉遵守 6S 规范，清理场地，归置物品。

建议学时：4 学时。

学习过程

一、根据元器件布置图安装低压电气元件

安装前先检查所有电气元件，确保所有电气元件的功能正常。将熔断器的检查情况记录在表 1-1-3 中。

表 1-1-3　熔断器的检查情况记录

熔断器检查项目	结果描述
铭牌数据	
外观	
动作灵敏性	
通断情况	

将组合开关的检查情况记录在表 1-1-4 中。

表 1-1-4　组合开关的检查情况记录

组合开关检查项目	结果描述
铭牌数据	
外观	
动作灵敏性	
通断情况	

将低压断路器的检查情况记录在表 1-1-5 中。

表 1-1-5　低压断路器的检查情况记录

低压断路器检查项目	结果描述
铭牌数据	
外观	
动作灵敏性	
通断情况	

低压电气元件的安装位置必须与元器件布置图一致。常用的固定方法有螺钉安装固定和导轨安装固定，具体采用哪种方法，要根据现场条件决定。

二、按照接线图实施手动正转控制电路布线

将布线操作过程记录在表 1-1-6 中。

表 1-1-6　布线操作过程记录

线号	两端的元器件代号	连接状态

三、自检、交验和通电试运行

1. 自检和交验

将自检操作过程记录在表 1-1-7 中。若自检无误，待教师签字后，电路可以通电试运行。

表 1-1-7　自检操作过程记录

检测步骤	存在问题	解决方法
对照接线图，检查各端子线号		
用万用表检查电路的通断情况		
用兆欧表检查电路的绝缘电阻		

自检和交验人：　　　　　　　　　　　　　　复核教师：

2. 通电试运行

通电前要进行电路安全检查，并在表 1-1-8 中做好通电试运行过程记录。

表 1-1-8　通电试运行过程记录

通电试运行步骤	通电试运行现象	是否存在问题	解决方法

四、检修手动正转控制电路

1. 熟悉任务流程

参照教材中的任务流程图，熟悉本任务的主要工作步骤。

2. 判断故障并排除

（1）常见故障举例

故障现象：接通电源，合上 QB 或 QA，电动机不能启动或发出“嗡嗡”声（缺相）。

1）找出故障范围：根据电路现象分析出故障范围，如图 1-1-2 和图 1-1-3 所示。

2）排查故障点：用测量法（电阻法）准确而迅速地找出故障点。*注意：先断开前一级电源，再合上 QB 或 QA，将万用表置于电阻挡（R×100）并进行欧姆调零。*

3）根据故障点的不同情况，采取正确的修复方法迅速排除故障。

4）排除故障后通电试运行。

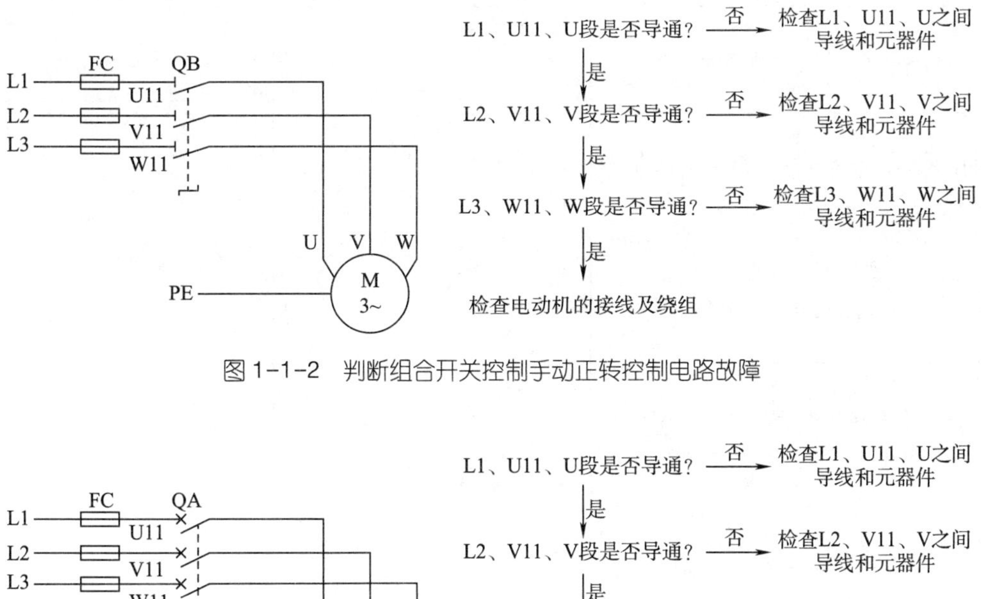

图 1-1-2　判断组合开关控制手动正转控制电路故障

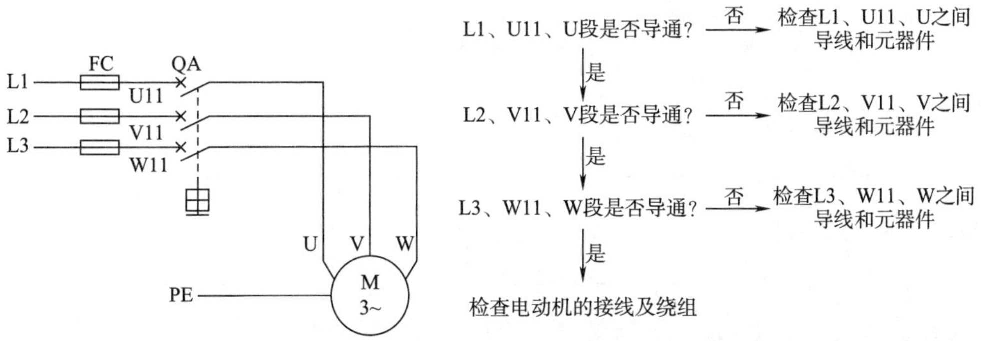

图 1-1-3　判断低压断路器控制手动正转控制电路故障

（2）分析并排除实训电路故障，在表 1-1-9 中做好记录。

表 1-1-9　实训电路的故障现象、检查方法、故障原因及处理方法

故障现象	检查方法	故障原因	处理方法
送电后，电动机不能启动，也没有发出“嗡嗡”声			
送电后，电动机不能启动，但发出“嗡嗡”声			

3. 检修低压电器故障

分析并排除低压电器故障，在表 1-1-10 中做好记录。

表 1-1-10　低压电器的故障现象、故障原因及处理方法

故障现象	故障原因	处理方法
封闭式负荷开关操作手柄带电		
封闭式负荷开关夹座（静触头）过热或烧坏		
组合开关手柄转动后，内部触头未动		
组合开关手柄转动后，动、静触头不能按要求动作		
组合开关接线柱间短路		
低压断路器不能合闸		
低压断路器电流达到整定值，断路器不动作		

续表

故障现象	故障原因	处理方法
启动电动机时低压断路器立即分断		
低压断路器闭合后一定时间自行分断		
低压断路器温升过高		
熔断器在电路接通瞬间熔体熔断		
熔断器熔体未熔断，但电路不通		

五、检查与验收

1. 自检和互检

在表 1–1–11 中记录自检和互检情况。

表 1–1–11　自检和互检情况记录

检查项目	自检情况	互检情况
接线是否准确		
接线是否符合工艺要求		
电动机运行状态是否正常		

2. 验收

在表 1–1–12 中记录电路验收过程中的问题。

表 1–1–12　验收过程中的问题记录

存在问题	整改措施	完成时间

学习活动 3　评价与总结

学习目标

1. 能展示作业成果，回顾并总结各环节的关键技术。
2. 能完成本任务的综合评价。
3. 能对本任务进行归纳和总结。
4. 能复习并巩固整个任务的知识和技能要点。

建议学时：2 学时。

学习过程

一、展示与回顾

1. 成果展示

以小组为单位，选择实物、演示文稿、展板、海报、视频等形式中的一种或几种，向全班同学汇报学习过程，展示学习成果。

2. 过程回顾

各小组回顾每个学习活动的进展过程、现存问题、改进措施和验收交付等情况，提炼各个活动环节的关键技术。

二、综合评价

针对本任务的学习情况，根据表 1-1-13 所列综合评价标准进行评分。

表 1-1-13　综合评价

评价项目	评价内容及标准	配分/分	评分		
			自我评价（占比 30%）	小组评价（占比 30%）	教师评价（占比 40%）
工作组织和管理	团队合作，合理计划，高效管理时间	5			
	定期检查工作进展和成果	5			
沟通能力	与客户交流，完全理解其要求	10			

续表

评价项目	评价内容及标准	配分/分	评分		
			自我评价（占比30%）	小组评价（占比30%）	教师评价（占比40%）
计划能力	定期检查工作，将问题最小化	5			
	提出可行性建议，提高客户满意度	10			
安装能力	根据要求设计图样，正确选用元器件	10			
	按照相关技术标准完成电路的安装	20			
检修能力	使用、测试、校准测量设备	10			
	修复检查与验收中发现的问题	25			
学生姓名		综合评价得分			
指导教师		日期			

三、归纳和总结

回顾本任务的学习过程，从电路工作原理的分析，元器件布置图和接线图的绘制，工具、仪表和器材的准备，电路安装、检测和通电试运行，故障检修等方面进行归纳，对学习过程中出现的问题进行反思与总结，优化方案和策略。

四、复习巩固

1. 填空题

（1）电力拖动是指用____________拖动生产机械的工作机构并使之运转的一种拖动方式。

（2）凡采用电力拖动的生产机械，其电动机的运转都是由各种接触器、继电器、按钮、行程开关等______构成的控制电路来进行控制的。

（3）工作在交流额定电压________V 及以下、直流额定电压________V 及以下的电器称为低压电器。

（4）按照用途和所控制的对象不同，低压电器可分为______________和______________。

（5）按照动作方式的不同，低压电器可分为____________和____________。

（6）按照执行机构的不同，低压电器可分为__________和__________。

2. 选择题

（1）电路中的字母代码由（　　）组成。

A. 基本字母代码和一般符号

B. 一般符号和辅助字母代码

C. 一般符号和限定符号

D. 基本字母代码和辅助字母代码

（2）同一电气元件在电路图和接线图中使用的图形符号、字母代码要（　　）。

A. 基本相同　　B. 基本不同　　C. 完全相同　　D. 没有要求

（3）阅读主电路时，要按照（　　）的顺序进行。

A. 从下到上　　B. 从上到下　　C. 从左到右　　D. 从前到后

（4）低压电器因其用于电路电压为（　　），故称为低压电器。

A. 交流额定电压 1 200 V 及以下，直流额定电压 1 500 V 及以下

B. 交直流电压 1 200 V 及以上

C. 交直流电压 500 V 及以下

D. 交直流电压 3 000 V 及以下

（5）DZ5-20 系列低压断路器中热脱扣器的作用是（　　）。

A. 欠压保护　　B. 短路保护

C. 过载保护　　D. 安全保护

（6）DZ5-20 系列低压断路器中电磁脱扣器的作用是（　　）。

A. 欠压保护　　B. 短路保护

C. 过载保护　　D. 安全保护

（7）HK 系列开启式负荷开关用于一般的照明电路和功率小于（　　）kW 的电动机控制电路中。

A. 5.5　　B. 7.5　　C. 10　　D. 15

（8）HK 系列开启式负荷开关用于控制电动机的直接启动和停止时，选用额定电压为 380 V 或 500 V，额定电流不小于电动机额定电流（　　）倍的三极开关。

A. 1.5　　B. 2　　C. 3　　D. 4

（9）组合开关用于控制小型异步电动机的运转时，额定电流一般取电动机额定电流的（　　）倍。

A. 1.5~2.5　　B. 1~2　　C. 2~3　　D. 4~5

3. 判断题

（1）同一电路图只能选用一种图形形式，图形符号应基本一致。（　　）

（2）接线图只表示电气元件的安装位置、实际配线方式等，而不明确表示电路的工作原理。（　　）

（3）分析电路图时，可根据布局顺序从左至右、自上而下逐级分析。（　　）

（4）低压断路器是一种控制电器。（　　）

任务 2　点动正转控制电路的安装与检修

学习目标

1. 能正确分析点动正转控制电路的工作原理。
2. 能根据电路情况，合理地选择接触器和按钮开关的型号及参数。
3. 能合理地安装并使用接触器和按钮开关。
4. 能按照工艺要求，正确安装点动正转控制电路。
5. 能对点动正转控制电路的故障进行分析与检修。
6. 能自觉遵守 6S 规范，填写验收记录，清理场地，归置物品。

建议学时：8 学时。

工作情境描述

某企业的 CA6140 型车床因工作时间较长，其刀架快速移动电动机控制电路出现故障，学院组织相关专业学生对该设备按照一定的工艺进行检修，要求在 2 天内完成 CA6140 型车床刀架快速移动电动机控制电路检修、元器件更换和重新安装接线，并对检修后的车床进行试运行，将检验合格的车床交付验收。

工作流程与活动

学习活动 1　明确工作任务，进行施工前准备

学习活动 2　现场施工

学习活动 3　评价与总结

学习活动 1　明确工作任务，进行施工前准备

学习目标

1. 能通过阅读工作任务联系单，明确任务内容及要求等信息。
2. 能分析点动正转控制电路的工作原理。
3. 能按照任务要求，通过查找相关资料，确定更换元器件的型号、规格和数量。
4. 能按照任务要求，制定工作实施方案。
5. 能按照任务要求，做好相关安全防护措施。

建议学时：2 学时。

学习过程

一、阅读工作任务联系单

根据工作情境描述，阅读表 1-2-1 所示工作任务联系单，熟知本次任务的内容及要求等信息。

表 1-2-1　工作任务联系单

检修项目	CA6140 型车床刀架快速移动电动机控制电路故障
任务内容	CA6140 型车床刀架快速移动电动机控制电路为三相异步电动机点动正转控制电路，考虑 CA6140 型车床的使用状况和其控制电路特点，决定完成以下检修内容： 1. 更换 CA6140 型车床刀架快速移动电动机控制电路中损坏和不符合质量要求的低压元器件，重新固定元器件并安装电路。 2. 按照设备大修工艺要求，对电路重新布线。 3. 对大修后的 CA6140 型车床进行检验和通电试运行
工艺要求	

续表

检修项目	CA6140 型车床刀架快速移动电动机控制电路故障				
安全措施					
委托单位		责任人		承接时间	
		联系电话			
承接单位		责任人		完工时间	
		联系电话			
验收意见				验收人	

二、认识点动正转控制电路

通过观看 CA6140 型车床的工作过程，了解电动机点动正转控制电路。查看 CA6140 型车床刀架快速移动电动机的控制电路，了解组成该电路的低压电器。

1. 简述图 1-2-1 所示点动正转控制电路的工作原理，并在图中横线处填写三部分电路的名称。

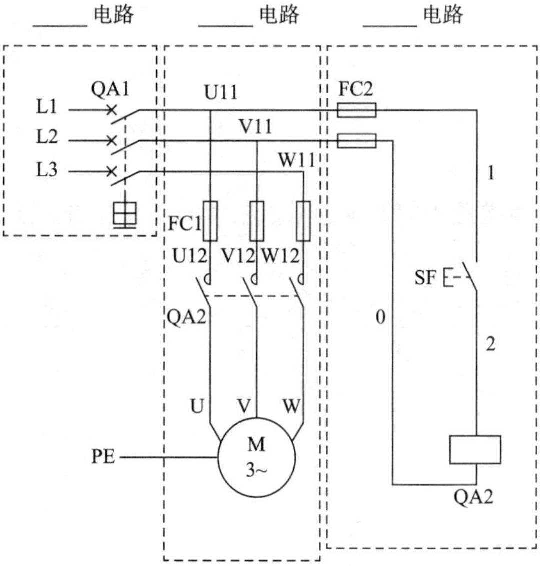

图 1-2-1　点动正转控制电路

2. 根据图 1-2-1 所示电路，画出点动正转控制电路的元器件布置图。

3. 根据元器件布置图，画出点动正转控制电路的接线图。

4. 认识点动正转控制电路中的低压电器，在表 1-2-2 中补充所用元器件的名称、符号和在电路中的作用。

表 1-2-2　所用元器件的名称、符号和在电路中的作用

元器件	名称	符号	在电路中的作用

5. 填写图 1-2-2 所示按钮及其组成结构的名称。

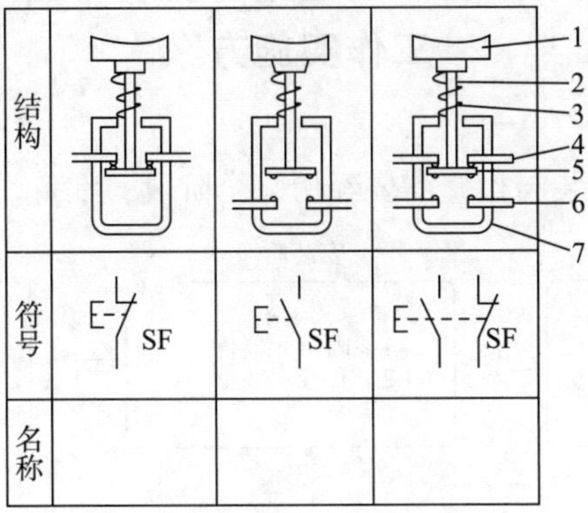

图 1-2-2　按钮的结构与符号

1—________　2—________　3—________　4—________　5—________　6—________　7—________

6. 将表 1-2-3 所示按钮的相关内容补充完整。

表 1-2-3　按钮的颜色、含义、说明及应用举例

按钮的颜色	含义	说明	应用举例
红			
黄			
绿			
蓝			
白			
灰			
黑			

7. 在图 1-2-3a 中标出交流接触器线圈的接线端子，在图 1-2-3b 中标出交流接触器主触头和辅助触头的接线端子。

a）　b）

图 1-2-3　接触器

a）接触器线圈的接线端子　b）接触器主触头和辅助触头的接线端子

三、制定工作实施方案

通过工作实施方案的制定，明确任务分工和基本工序流程。

点动正转控制电路的安装与检修
工作实施方案

1. 施工流程

点动正转控制电路的安装与检修需要经历三个阶段：准备、安装、检查与测试。

准备阶段		安装阶段		检查与测试阶段
（1）绘制电路元器件布置图和接线图 （2）准备工具、仪表和元器件，检测元器件	⇨	（1）固定元器件 （2）布线	⇨	（1）自检、交验 （2）通电试运行

2. 人员分工

（1）小组负责人：__________

（2）小组成员及分工

姓名	分工

3. 工具、材料清单

类别	项目内容					备注
工具						
仪表						
元器件与器材	代号	名称	型号	规格	数量	

4. 工序及工期安排

序号	工作内容	完成时间	备注

学习活动 2　现场施工

学习目标

1. 能按照要求，在控制板上安装低压电气元件。
2. 能按照工艺要求，完成点动正转控制电路的布线。
3. 能检测点动正转控制电路并通电试运行。
4. 能对点动正转控制电路的故障进行分析与检修。
5. 能通过检查与验收查找电路存在的问题。
6. 能自觉遵守 6S 规范，清理场地，归置物品。

建议学时：4 学时。

学习过程

一、根据元器件布置图安装低压电气元件

安装电气元件前先检查所有电气元件，确保所有电气元件的功能正常。将按钮的检查情况记录在表 1-2-4 中。

表 1-2-4　按钮的检查情况记录

按钮检查项目	结果描述
铭牌数据	
外观	

续表

按钮检查项目	结果描述
动作灵敏性	
通断情况	

将接触器的检查情况记录在表 1-2-5 中。

表 1-2-5　接触器的检查情况记录

接触器检查项目	结果描述
铭牌数据	
外观	
动作灵敏性	
通断情况	

注意电气元件的安装位置必须与元器件布置图一致。

二、按照接线图实施手动正转控制电路布线

1. 布线原则

本任务中的点动正转控制电路与任务 1 所介绍的手动正转控制电路有所不同，点动正转控制电路还具有单独的控制电路，布线时要引起注意。

布线时一般以接触器为中心，按照由里向外、由低至高，先控制电路、后主电路的顺序进行，以不妨碍后续布线为原则。

2. 布线操作过程

（1）图 1-2-4 所示为控制电路布线，将控制电路布线过程记录在表 1-2-6 中。

表 1-2-6　控制电路布线过程记录

线号	两端的元器件代号	连接状态

（2）图 1-2-5 所示为主电路布线，将主电路布线过程记录在表 1-2-7 中。

表 1-2-7　主电路布线过程记录

线号	两端的元器件代号	连接状态

续表

线号	两端的元器件代号	连接状态

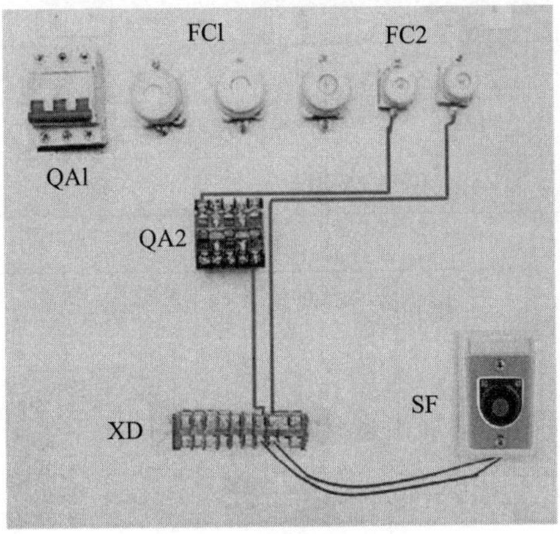

图 1-2-4　控制电路布线

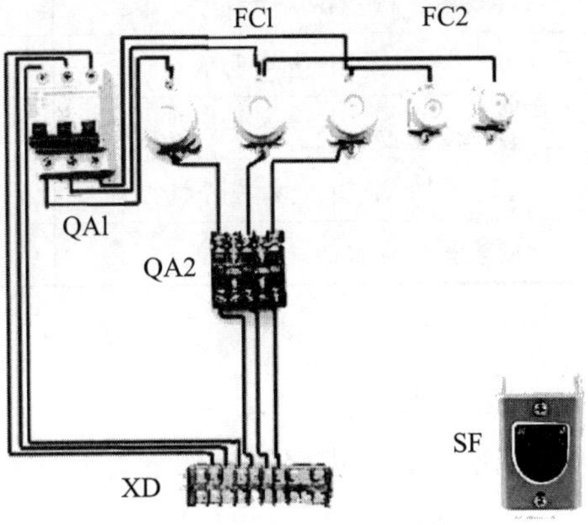

图 1-2-5　主电路布线

(3) 图 1-2-6 所示为点动正转控制电路的布线。

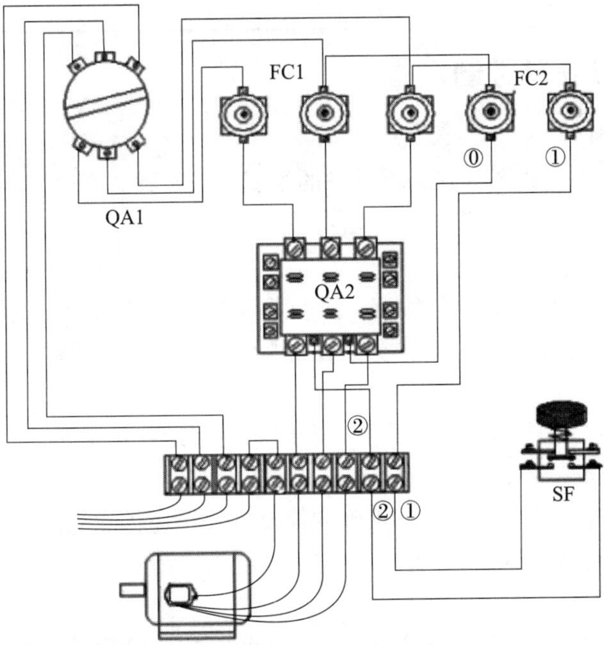

图 1-2-6　点动正转控制电路的布线图

三、自检、交验和通电试运行

1. 自检和交验

将自检操作过程记录在表 1-2-8 中。若自检无误，待教师签字后，电路可以通电试运行。

表 1-2-8 自检操作过程记录

<table>
<tr><th colspan="3">检测步骤</th><th>存在问题</th><th>解决方法</th></tr>
<tr><td colspan="3">对照接线图，检查各端子线号</td><td></td><td></td></tr>
<tr><td rowspan="3">用万用表检查电路的通断情况</td><td colspan="2">检查主电路</td><td></td><td></td></tr>
<tr><td rowspan="2">检查控制电路</td><td>检查启动控制</td><td></td><td></td></tr>
<tr><td>检查停机控制</td><td></td><td></td></tr>
<tr><td colspan="3">用兆欧表检查电路的绝缘电阻</td><td></td><td></td></tr>
</table>

自检和交验人： 复核教师：

2. 通电试运行

通电前要进行电路安全检查，并在表 1-2-9 中做好通电试运行过程记录。

表 1-2-9 通电试运行过程记录

通电试运行步骤	通电试运行现象	是否存在问题	解决方法

四、检修点动正转控制电路

1. 熟悉任务流程

参照教材中的任务流程图，熟悉本任务的主要工作步骤。

2. 判断故障并排除

（1）常见故障举例一

故障现象：接通电源，按下按钮 SF，接触器线圈 QA2 不吸合，电动机不转动。

1）找出故障范围：根据故障现象分析出故障范围在控制电路部分，如图 1-2-7 中虚线框所示。

2）排查故障点：用测量法（电压法）准确而迅速地找出故障点。注意：测量时将万用表置于交流电压 500 V 挡，合上 QA1。

3）根据故障点的不同情况，采取正确的修复方法迅速排除故障。

4）排除故障后通电试运行。

（2）常见故障举例二

故障现象：接通电源，按下按钮 SF，接触器线圈 QA2 吸合，但电动机不转动（或缺相）。

1）找出故障范围：根据故障现象分析出故障范围在主电路部分，如图 1-2-8 中虚线框所示。

2）排查故障点：用测量法（电压法）准确而迅速地找出故障点。注意：测量时将万用表置于交流电压 500 V 挡，合上 QA1。

3）根据故障点的不同情况，采取正确的修复方法迅速排除故障。

4）排除故障后通电试运行。

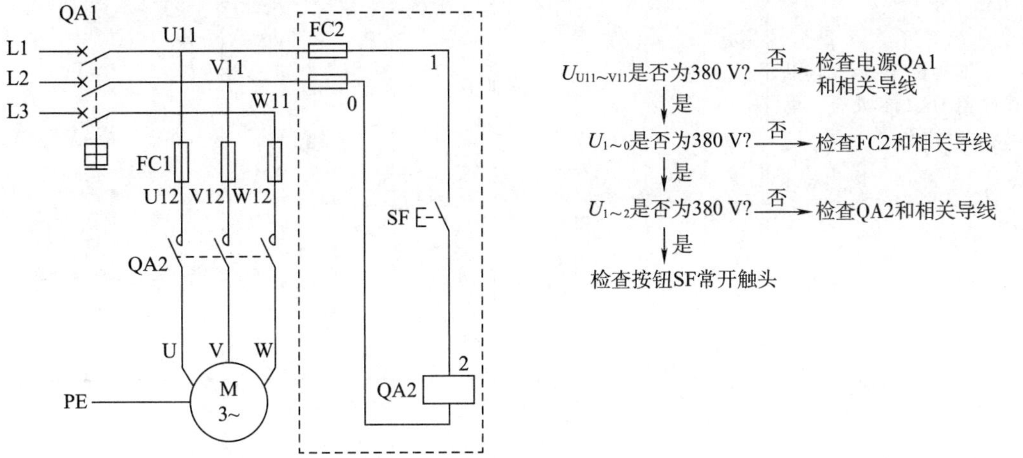

图 1-2-7 判断电路故障一

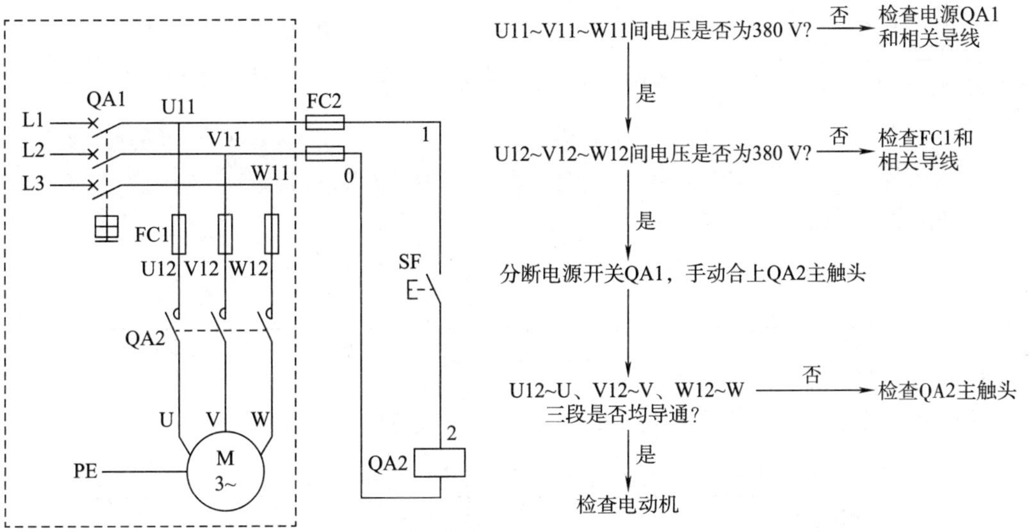

图 1-2-8 判断电路故障二

（3）分析并排除实训电路故障，在表 1-2-10 中做好记录。

表 1-2-10　实训电路的故障现象、检查方法、故障原因及处理方法

故障现象	检查方法	故障原因	处理方法
按下按钮 SF 后，接触器线圈 QA2 不吸合，电动机不转动			
按下按钮 SF 后，接触器线圈 QA2 吸合，电动机不转动			

3. 检修低压电器故障

分析并排除低压电器故障，在表 1-2-11 中做好记录。

表 1-2-11　低压电器的故障现象、可能原因及处理方法

故障现象	可能原因	处理方法
接触器线圈 QA2 吸不上或吸不足（即触头已闭合而铁芯尚未完全吸合）		

续表

故障现象	可能原因	处理方法
接触器线圈 QA2 不释放或释放缓慢		
接触器线圈 QA2 电磁体（交流）噪声大		
接触器线圈 QA2 过热或烧坏		
接触器触头灼伤或熔焊		
按钮触头接触不良		
按钮触头间短路		

五、检查与验收

1. 自检和互检

在表 1-2-12 中记录自检和互检情况。

表 1-2-12　自检和互检情况记录

检查项目	自检情况	互检情况
接线是否准确		
接线是否符合工艺要求		
电动机运行状态是否正常		

2. 验收

在表 1-2-13 中记录电路验收过程中的问题。

表 1-2-13　验收过程中的问题记录

存在问题	整改措施	完成时间

学习活动 3　评价与总结

学习目标

1. 能展示作业成果，回顾并总结各环节的关键技术。
2. 能完成本任务的综合评价。
3. 能对本任务进行归纳和总结。
4. 能复习并巩固整个任务的知识和技能要点。

建议学时：2 学时。

学习过程

一、展示与回顾

1. 成果展示

以小组为单位，选择实物、演示文稿、展板、海报、视频等形式中的一种或几种，向全班同学汇报学习过程，展示学习成果。

2. 过程回顾

各小组回顾每个学习活动的进展过程、现存问题、改进措施和验收交付等情况，提炼各个活动环节的关键技术。

二、综合评价

针对本任务的学习情况，根据表 1-2-14 所列综合评价标准进行评分。

表 1-2-14　综合评价

评价项目	评价内容及标准	配分/分	评分		
			自我评价（占比30%）	小组评价（占比30%）	教师评价（占比40%）
工作组织和管理	团队合作，合理计划，高效管理时间	5			
	定期检查工作进展和成果	5			
沟通能力	与客户交流，完全理解其要求	10			
计划能力	定期检查工作，将问题最小化	5			
	提出可行性建议，提高客户满意度	10			
安装能力	根据要求设计图样，正确选用元器件	10			
	按照相关技术标准完成电路的安装	20			
检修能力	使用、测试、校准测量设备	10			
	修复检查与验收中发现的问题	25			
学生姓名		综合评价得分			
指导教师		日期			

三、归纳和总结

回顾本任务的学习过程，从电路工作原理的分析，元器件布置图和接线图的绘制，工具、仪表和器材的准备，电路安装、检测和通电试运行及故障检修等方面进行归纳，对学习过程中出现的问题进行反思与总结，优化方案和策略。

四、复习巩固

1. 填空题

（1）主电路是指______的动力装置及控制、保护电器的支路等，是电源向负载提供______的电路。

（2）为保证人身安全，在通电试运行时要认真执行安全操作规程的有关规定，一人______，一人______。

（3）通电试运行完毕，电动机停转。切断电源后，应先拆除__________线，再拆除________线。

（4）电动机及按钮的金属外壳必须可靠______。

2. 选择题

（1）按钮作为主令电器，当作为停止按钮时，其颜色应选（　　）色。

A. 绿　　B. 黄　　C. 白　　D. 红

（2）常开按钮（　　）。

A. 只能接通电路　　B. 只能断开电路

C. 能接通或断开电路　　D. 以上都不对

（3）行程开关的触头动作是通过（　　）来实现的。

A. 手指的按压

B. 生产机械运动部件的碰压

C. 手指的按压或者生产机械运动部件的碰压

D. 以上都不对

（4）交流接触器由（　　）组成。

A. 操作手柄、动触刀、静夹座、进线座、出线座和绝缘底板

B. 主触头、辅助触头、灭弧装置、脱扣装置、保护装置动作机构

C. 电磁机构、触头系统、灭弧装置、辅助部件等

D. 电磁机构、触头系统、辅助部件、外壳

（5）当交流接触器线圈工作电压在（　　）% U_N 以下时，交流接触器动铁芯应释放，主触头自动打开以切断电路，起到欠电压保护作用。

A. 85　　B. 50　　C. 30　　D. 90

（6）接触器的额定电压是指（　　）的额定电压。

A. 电源　　B. 线圈　　C. 主触头　　D. 负载

（7）按下按钮电动机就得电运转，松开按钮电动机就失电停转的控制方法称为（　　）。

A. 点动控制　　B. 连续运转控制

C. 正反转控制　　D. 正转控制

（8）接触器的主触头一般由三对常开触头组成，用以通断（　　）。

A. 电流较小的控制电路　　B. 电流较大的主电路

C. 控制电路和主电路　　D. 控制电路或主电路

（9）交流接触器一般应安装在垂直面上，倾斜度不得超过（　　）。

A. 15°　　B. 10°　　C. 5°　　D. 20°

（10）如果交流接触器的衔铁吸合不紧，工作气隙较大，将导致（　　）。

A. 铁芯涡流增大　　B. 线圈电感增大

C. 线圈电流增大　　D. 线圈电流减小

3. 判断题

（1）安装控制电路时，对导线的颜色没有具体要求。（　　）

（2）交流接触器的线圈电压过高或过低都会造成线圈过热。（　　）

（3）交流接触器线圈一般做成薄而长的圆筒状，且不设骨架。（　　）

（4）所谓点动控制是指按一下按钮就可以使电动机启动并连续运转的控制方法。（　　）

（5）流过主电路和控制电路中的电流相等。（　　）

（6）电路图中一般主电路垂直画出时，控制电路要水平画出。（　　）

（7）画电路图、布置图、接线图时，同一电器的各元件都要按它们的实际位置画在一起。（　　）

（8）电路图中各电气元件的触头位置都是按电路未通电或电器未受外力作用时的常态位置画出的。（　　）

（9）布置图中各电器的文字符号必须与电路图和接线图的标注相一致。（　　）

任务 3　接触器自锁正转控制电路的安装与检修

学习目标

1. 能正确分析接触器自锁正转控制电路的工作原理。
2. 能根据电路情况，合理地选择热继电器的型号和参数。
3. 能合理地安装并使用热继电器。
4. 能按照工艺要求，正确地安装接触器自锁正转控制电路。
5. 能对接触器自锁正转控制电路的故障进行分析与检修。
6. 能自觉遵守 6S 规范，填写验收记录，清理场地，归置物品。

建议学时：8 学时。

工作情境描述

某企业的 CA6140 型车床因工作时间较长，其主轴电动机出现故障，学院组织相关专业学生对该设备按照一定的工艺进行大修，要求在 2 天内完成 CA6140 型车床主轴电动机控制电路检修、元器件更换和重新安装接线，并对检修后的车床进行试运行，将检验合格的车床交付验收。

工作流程与活动

学习活动 1　明确工作任务，进行施工前准备

学习活动 2　现场施工

学习活动 3　评价与总结

学习活动 1　明确工作任务，进行施工前准备

学习目标

1. 能通过阅读工作任务联系单，明确任务内容及要求等信息。
2. 能分析接触器自锁正转控制电路的工作原理。
3. 能按照任务要求，通过查找相关资料，确定要更换元器件的型号、规格和数量。
4. 能按照任务要求，制定工作实施方案。
5. 能按照任务要求，做好相关安全防护措施。

建议学时：2 学时。

学习过程

一、阅读工作任务联系单

根据工作情境描述，阅读表 1-3-1 所示工作任务联系单，熟知本次任务的内容及要求等信息。

表 1-3-1　工作任务联系单

检修项目	CA6140 型车床主轴电动机故障
任务内容	CA6140 型车床主轴电动机控制电路为三相异步电动机接触器自锁正转控制电路，考虑设备的使用状况和其控制电路特点，决定完成以下检修内容： 1. 更换 CA6140 型车床主轴电动机控制电路中损坏和不符合质量要求的低压元器件，重新固定元器件并安装电路。 2. 按照设备大修工艺要求，对电路重新布线。 3. 对大修后的电路进行检测和通电试运行
工艺要求	

续表

检修项目	CA6140 型车床主轴电动机故障				
安全措施					
委托单位		责任人		承接时间	
		联系电话			
承接单位		责任人		完工时间	
		联系电话			
验收意见				验收人	

二、认识接触器自锁正转控制电路

观看 CA6140 型车床的工作过程，了解三相异步电动机接触器自锁正转控制电路。查看 CA6140 型车床主轴电动机控制电路，了解组成该电路中的低压电器。

1. 简述图 1-3-1 所示接触器自锁正转控制电路的工作原理。

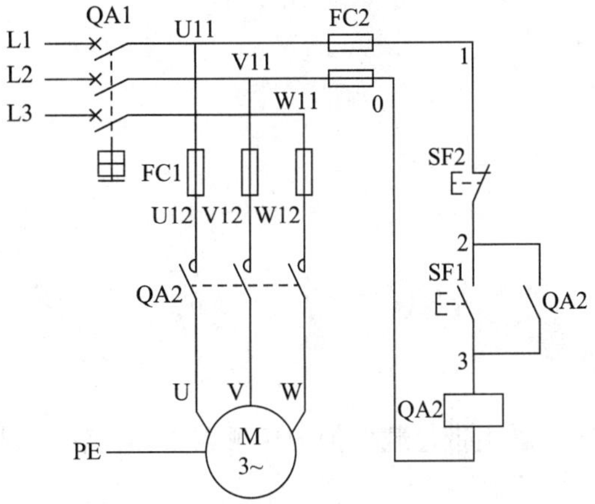

图 1-3-1　接触器自锁正转控制电路

2. 根据图 1-3-1 所示电路，画出带过载保护的接触器自锁正转控制电路。

3. 根据图 1-3-1 所示电路，画出带过载保护的接触器自锁正转控制电路的元器件布置图。

4. 根据元器件布置图，画出带过载保护的接触器自锁正转控制电路接线图。

5. 认识接触器自锁正转控制电路中的低压电器，在表 1-3-2 中补充所用元器件的名称、符号和在电路中的作用。

表 1-3-2 所用元器件的名称、符号和在电路中的作用

元器件	名称	符号	在电路中的作用

6. 在图 1-3-2 中标出热继电器的电流整定按钮、断开检查按钮和复位按钮。

图 1-3-2 热继电器

7. 填写热继电器型号的含义。

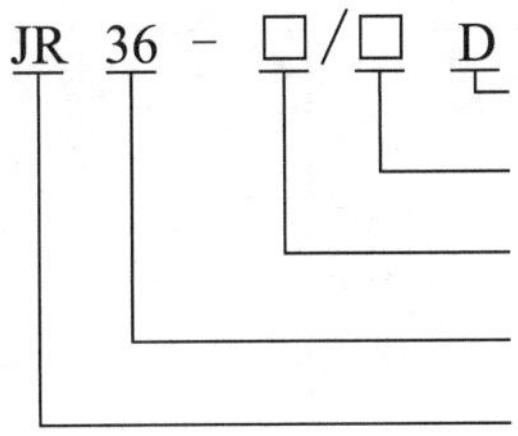

三、制定工作实施方案

通过工作实施方案的制定，明确任务分工和基本工序流程。

接触器自锁正转控制电路的安装与检修
工作实施方案

1. 施工流程

接触器自锁正转控制电路的安装与检修需要经历三个阶段：准备、安装、检查与测试。

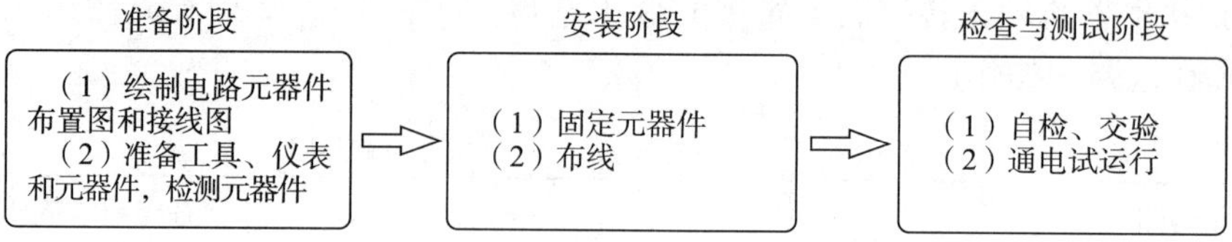

2. 人员分工

（1）小组负责人：__________

（2）小组成员及分工

姓名	分工

3. 工具、材料清单

类别	项目内容					备注
工具						
仪表						
元器件与器材	代号	名称	型号	规格	数量	

4. 工序及工期安排

序号	工作内容	完成时间	备注

学习活动 2　现场施工

学习目标

1. 能按照要求，在控制板上安装低压电气元件。
2. 能按照工艺要求，完成接触器自锁正转控制电路的布线。
3. 能检测接触器自锁正转控制电路并通电试运行。
4. 能对接触器自锁正转控制电路的故障进行分析与检修。
5. 能通过检查与验收查找电路存在的问题，及时改进。
6. 能自觉遵守 6S 规范，清理场地，归置物品。

建议学时：4 学时。

学习过程

一、根据元器件布置图安装低压电气元件

安装前先检查所有电气元件，确保所有电气元件的功能正常。将热继电器的检查情况记录在表 1-3-3 中。

表 1-3-3　热继电器的检查情况记录

热继电器检查项目	结果描述
铭牌数据	
外观	
动作灵敏性	
通断情况	

注意电气元件的安装位置必须与元器件布置图一致。

二、按照接线图实施接触器自锁正转控制电路布线

1. 布线操作

按照图 1-3-3 所示完成不带过载保护的接触器自锁正转控制电路的控制电路布线，进行板前明线布线和套编码套管。

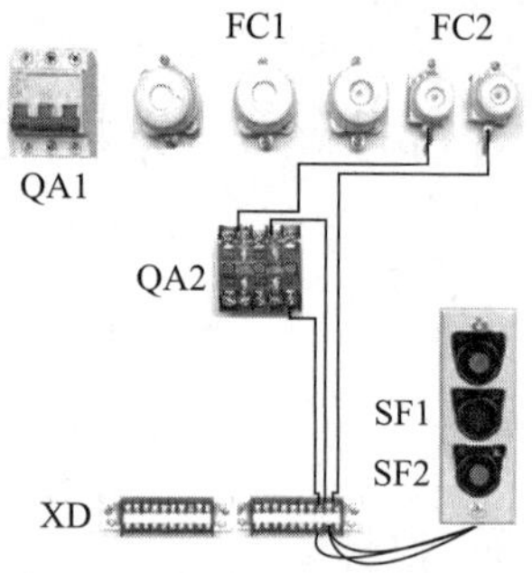

图 1-3-3　不带过载保护的接触器自锁正转控制电路的控制电路布线

2. 操作过程

（1）将电路布线过程记录在表 1-3-4 中。

表 1-3-4　电路布线过程记录

线号	两端的元器件代号	连接状态

（2）不带过载保护的接触器自锁正转控制电路的主电路布线可参照任务 2 所示点动正转控制电路主电路的布线方法。

（3）图 1-3-4 所示为带过载保护的接触器自锁正转控制电路布线情况。

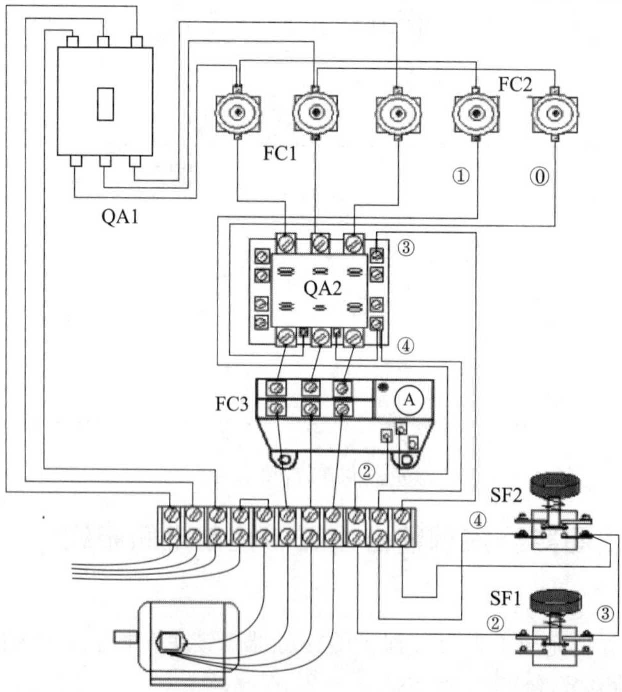

图 1-3-4　带过载保护的接触器自锁正转控制电路布线情况

三、自检、交验和通电试运行

1. 自检和交验

将自检操作过程记录在表 1-3-5 中。若自检无误，待教师签字后，电路可以通电试运行。

表 1-3-5　自检操作过程记录

<table>
<tr><th colspan="3">检测步骤</th><th>存在问题</th><th>解决方法</th></tr>
<tr><td colspan="3">对照接线图，检查各端子线号</td><td></td><td></td></tr>
<tr><td rowspan="5">用万用表检查电路的通断情况</td><td colspan="2">检查主电路</td><td></td><td></td></tr>
<tr><td rowspan="4">检查控制电路</td><td>检查启动控制</td><td></td><td></td></tr>
<tr><td>检查自锁电路</td><td></td><td></td></tr>
<tr><td>检查停机控制</td><td></td><td></td></tr>
<tr><td>检查过载保护环节</td><td></td><td></td></tr>
<tr><td colspan="3">用兆欧表检查电路的绝缘电阻</td><td></td><td></td></tr>
</table>

自检和交验人：　　　　　　　　　　　　　　　　　　　复核教师：

2. 通电试运行

通电前要进行电路安全检查，并在表 1-3-6 中做好通电试运行过程记录。

表 1-3-6　通电试运行过程记录

通电试运行步骤	通电试运行现象	是否存在问题	解决方法

四、检修接触器自锁正转控制电路

1. 熟悉任务流程

参照教材中的任务流程图，熟悉本任务的主要工作步骤。

2. 判断故障并排除

（1）常见故障举例一

故障现象：按下按钮 SF1，接触器线圈 QA2 不吸合。

1）找出故障范围：根据故障现象分析出故障范围在控制电路部分，如图 1-3-5 中虚线框所示。

2）排查故障点：用测量法（电压法）准确而迅速地找出故障点。注意：测量时将万用表置于交流电压 500 V 挡，合上 QA1。

3）根据故障点的不同情况，采取正确的修复方法迅速排除故障。

4）排除故障后通电试运行。

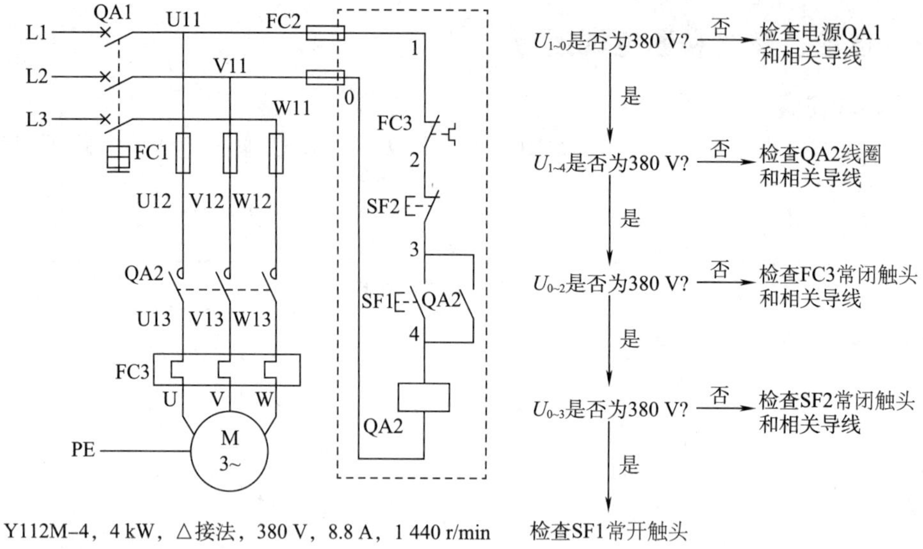

图 1-3-5　判断电路故障一

（2）常见故障举例二

故障现象：接通电源后，按下 SF1，接触器线圈 QA2 吸合。松开 SF1，接触器线圈 QA2 释放，电动机点动运行。

1）找出故障范围：根据故障现象分析出故障范围在自锁部分，如图 1-3-6 中虚线框所示。

2）排查故障点：用测量法（电压法）准确而迅速地找出故障点。注意：测量时将万用表置于交流电压 500 V 挡，合上 QA1。

3）根据故障点的不同情况，采取正确的修复方法迅速排除故障。

4）排除故障后通电试运行。

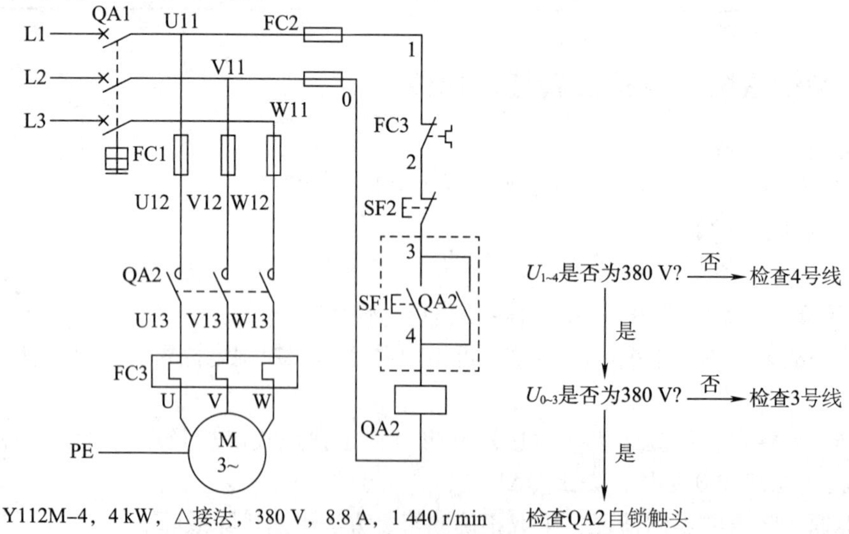

图 1-3-6　判断电路故障二

（3）常见故障举例三

故障现象：按下按钮 SF1，接触器线圈 QA2 吸合，但电动机不转动（或缺相）。

1）找出故障范围：根据故障现象分析出故障范围在主电路部分，如图 1-3-7 中虚线框所示。

2）排查故障点：用测量法（电压法或电阻测量法）准确而迅速地找出故障点。注意：采用电压法测量时将万用表置于交流电压 500 V 挡，合上 QA1。

3）根据故障点的不同情况，采取正确的修复方法迅速排除故障。

4）排除故障后通电试运行。

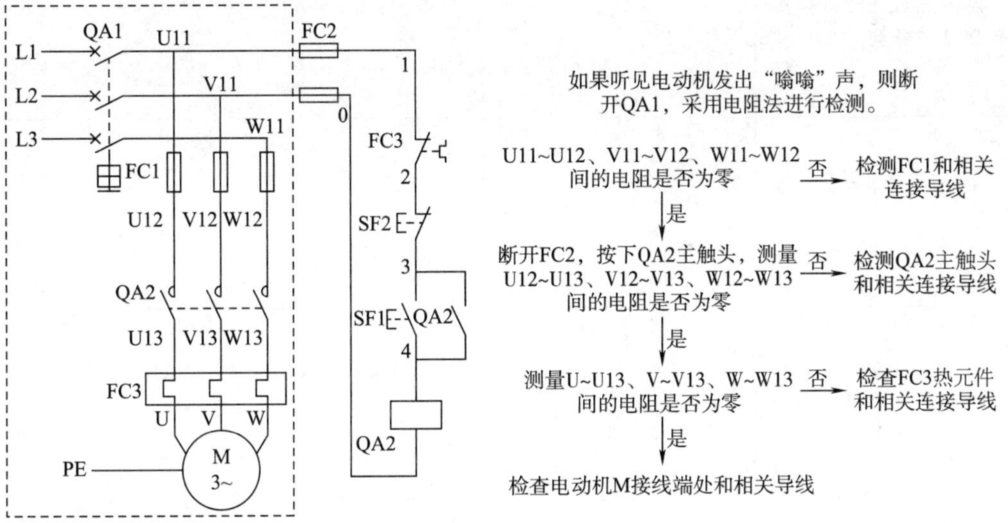

Y112M-4，4 kW，△接法，380 V，8.8 A，1 440 r/min

图 1-3-7 判断电路故障三

（4）分析并排除实训电路故障，在表 1-3-7 中做好记录。

表 1-3-7 实训电路的故障现象、检查方法、故障原因及处理方法

故障现象	检查方法	故障原因	处理方法
按下按钮 SF1，接触器 QA2 不吸合			

续表

故障现象	检查方法	故障原因	处理方法
接触器 QA2 不自锁			
按下按钮 SF2，接触器 QA2 不释放			
接触器 QA2 吸合后响声较大			
控制电路正常，电动机不能启动并发出“嗡嗡”声			
电动机加负载后转速明显下降			

3. 检修低压电器故障

分析并排除低压电器故障，在表 1-3-8 中做好记录。

表 1-3-8　低压电器的故障现象、故障原因及处理方法

故障现象	故障原因	处理方法
热继电器的热元件烧断		
热继电器不动作		

续表

故障现象	故障原因	处理方法
热继电器动作不稳定，时快时慢		
热继电器动作太快		
主电路不通		
控制电路不通		

五、检查与验收

1. 自检和互检

在表 1-3-9 中记录自检和互检情况。

表 1-3-9　自检和互检情况记录

检查项目	自检情况	互检情况
接线是否准确		
接线是否符合工艺要求		
电动机运行状态是否正常		

2. 验收

在表 1-3-10 中记录电路验收过程中的问题。

表 1-3-10　验收过程中的问题记录

存在问题	整改措施	完成时间

学习活动3　评价与总结

学习目标

1. 能展示作业成果，回顾并总结各环节的关键技术。
2. 能完成本任务的综合评价。
3. 能对本任务进行归纳和总结。
4. 能复习并巩固整个任务的知识和技能要点。

建议学时：2学时。

学习过程

一、展示与回顾

1. 成果展示

以小组为单位，选择实物、演示文稿、展板、海报、视频等形式中的一种或几种，向全班同学汇报学习过程，展示学习成果。

2. 过程回顾

各小组回顾每个学习活动的进展过程、现存问题、改进措施和验收交付等情况，提炼各个活动环节的关键技术。

二、综合评价

针对本任务的学习情况，根据表1-3-11所列综合评价标准进行评分。

表1-3-11　综合评价

评价项目	评价内容及标准	配分/分	评分		
			自我评价（占比30%）	小组评价（占比30%）	教师评价（占比40%）
工作组织和管理	团队合作，合理计划，高效管理时间	5			
	定期检查工作进展和成果	5			
沟通能力	与客户交流，完全理解其要求	10			

续表

评价项目	评价内容及标准	配分/分	评分		
			自我评价（占比30%）	小组评价（占比30%）	教师评价（占比40%）
计划能力	定期检查工作，将问题最小化	5			
	提出可行性建议，提高客户满意度	10			
安装能力	根据要求设计图样，正确选用元器件	10			
	按照相关技术标准完成电路的安装	20			
检修能力	使用、测试、校准测量设备	10			
	修复检查与验收中发现的问题	25			
学生姓名		综合评价得分			
指导教师		日期			

三、归纳和总结

回顾本任务的学习过程，从电路工作原理的分析，元器件布置图和接线图的绘制，工具、仪表和器材的准备，电路安装、检测和通电试运行，故障检修等方面进行归纳，对学习过程中出现的问题进行反思与总结，优化方案和策略。

四、复习巩固

1. 选择题

（1）一般热继电器的热元件按电动机的额定电流来选择电流等级，其整定值为（　　）I_N。

A. 0.3~0.5　　B. 0.95~1.05　　C. 1.2~1.3　　D. 1.3~1.4

（2）热继电器中的双金属片弯曲是由于双金属片（　　）。

A. 机械强度不同　　B. 热膨胀系数不同

C. 温差不同　　D. 受外力的作用

（3）三相交流异步电动机应选低压电器（　　）作为过载保护。

A. 热继电器　　B. 过电流继电器　　C. 熔断器　　D. 自动断路器

（4）热继电器在电动机控制电路中不能作为（　　）。

A. 过载保护　　B. 短路保护

C. 断相保护　　D. 电流不平衡运行保护

（5）热继电器是利用电流的（　　）来推动动作机构使触头系统闭合或分断的保护电器。

A. 热效应　　B. 磁效应　　C. 机械效应　　D. 化学效应

（6）热继电器的常闭触头串接在（　　）中。

A. 控制电路　　B. 主电路　　C. 保护电路　　D. 照明电路

（7）在松开启动按钮后，能使电动机保持连续运转的控制电路为（　　）。

A. 点动控制电路　　B. 接触器自锁控制电路

C. 接触器互锁控制电路　　D. 接触器联锁控制电路

（8）自锁通过接触器自身的（　　）触头，使线圈保持得电，并与启动按钮并联起来。

A. 辅助常开　　B. 辅助常闭　　C. 主　　D. 联锁

2. 判断题

（1）接触器自锁正转控制电路具有失压和欠压保护功能。（　　）

（2）由于热继电器在电动机控制电路中兼有短路和过载保护功能，故不需要再接入熔断器作为短路保护。（　　）

（3）在三相异步电动机控制电路中，熔断器只能用作短路保护。（　　）

（4）接触器自锁正转控制电路不但能使电动机连续运转，而且还具有欠压和失压（或零压）保护作用。（　　）

（5）由于热继电器和熔断器在三相异步电动机控制电路中所起的作用不同，所以不能相互代替使用。（　　）

3. 问答题

（1）失压保护和欠压保护各具有什么含义？接触器自锁正转控制电路是如何实现失压保护的？

（2）电动机过载存在哪些危害？通常使用什么元器件来实现电动机过载保护？可否使用熔断器？为什么？

任务 4　连续与点动混合正转控制电路的安装与检修

学习目标

1. 能正确分析连续与点动混合正转控制电路的工作原理。
2. 能根据电路情况，合理地选择手动开关的型号和参数。
3. 能合理地安装并使用手动开关。
4. 能按照工艺要求，正确地安装连续与点动混合正转控制电路。
5. 能对连续与点动混合正转控制电路的故障进行分析和检修。
6. 能自觉遵守 6S 规范，填写验收记录，清理场地，归置物品。

建议学时：8 学时。

工作情境描述

某企业的 T610 型镗床因工作时间较长，其主轴电动机出现故障，学院组织相关专业学生对该设备按照一定的工艺进行大修，要求在 2 天内完成 T610 型镗床主轴电动机控制电路检修、元器件更换和重新安装接线，并对检修后的 T610 型镗床进行试运行，将检验合格的镗床交付验收。

工作流程与活动

学习活动 1　明确工作任务，进行施工前准备
学习活动 2　现场施工
学习活动 3　评价与总结

学习活动 1　明确工作任务，进行施工前准备

学习目标

1. 能通过阅读工作任务联系单，明确任务内容及要求等信息。
2. 能分析连续与点动混合正转控制电路的工作原理。
3. 能按照任务要求，通过查找相关资料，确定更换元器件的型号、规格和数量。
4. 能按照任务要求，制定工作实施方案。
5. 能按照任务要求，做好相关安全防护措施。

建议学时：2 学时。

学习过程

一、阅读工作任务联系单

根据工作情境描述，阅读表 1-4-1 所示工作任务联系单，熟知本次任务的内容及要求等信息。

表 1-4-1　工作任务联系单

检修项目	T610 型镗床主轴电动机控制电路故障
任务内容	T610 型镗床主轴电动机控制电路为三相异步电动机连续与点动混合控制电路，考虑 T610 型镗床的使用状况和其控制电路特点，决定完成以下检修内容： 1. 更换 T610 型镗床主轴电动机控制电路中损坏和不符合质量要求的低压元器件，重新固定元器件并安装电路。 2. 按照设备大修工艺要求，对电路重新布线。 3. 对大修后的电路进行检测和通电试运行
工艺要求	

续表

<table>
<tr><td>检修项目</td><td colspan="5">T610 型镗床主轴电动机控制电路故障</td></tr>
<tr><td>安全措施</td><td colspan="5"></td></tr>
<tr><td rowspan="2">委托单位</td><td rowspan="2"></td><td>责任人</td><td></td><td rowspan="2">承接时间</td><td rowspan="2"></td></tr>
<tr><td>联系电话</td><td></td></tr>
<tr><td rowspan="2">承接单位</td><td rowspan="2"></td><td>责任人</td><td></td><td rowspan="2">完工时间</td><td rowspan="2"></td></tr>
<tr><td>联系电话</td><td></td></tr>
<tr><td>验收意见</td><td colspan="3"></td><td>验收人</td><td></td></tr>
</table>

二、认识连续与点动混合正转控制电路

观看 T610 型镗床的主轴电动机既可以点动，也可以自锁的工作过程。要在一个电路中实现该功能，只要将本课题任务 2 和任务 3 的电路整合即可实现，如图 1-4-1 和图 1-4-2 所示。

1. 简述图 1-4-1 所示用手动开关控制连续与点动混合正转控制电路的工作原理。

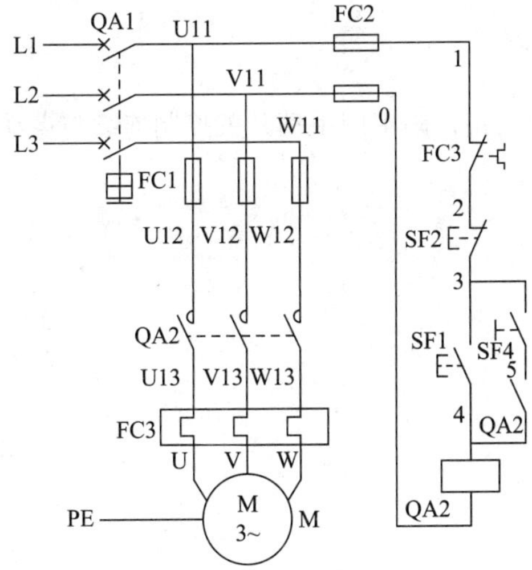

图 1-4-1 用手动开关控制连续与点动混合正转控制电路

2. 简述图 1-4-2 所示用复合按钮控制连续与点动混合正转控制电路的工作原理。

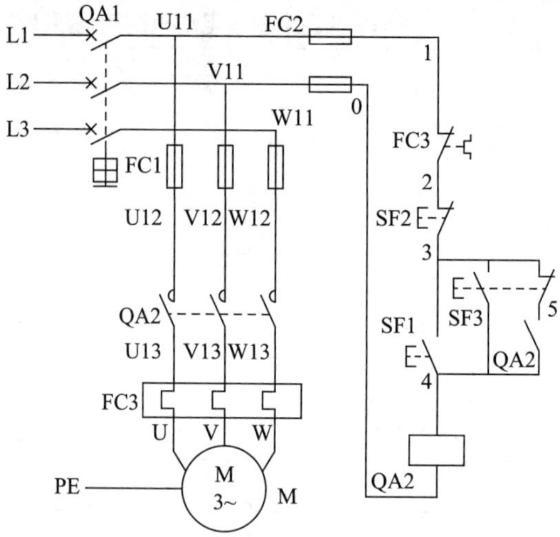

图 1-4-2　用复合按钮控制连续与点动混合正转控制电路

3. 根据图 1-4-1 所示电路，画出用手动开关控制连续与点动混合正转控制电路的元器件布置图。

4. 根据图 1-4-2 所示电路，画出用复合按钮控制连续与点动混合正转控制电路的元器件布置图。

5. 根据元器件布置图，画出用手动开关控制连续与点动混合正转控制电路的接线图。

6. 根据元器件布置图，画出用复合按钮控制连续与点动混合正转控制电路的接线图。

7. 认识连续与点动混合正转控制电路中的低压电器，在表 1-4-2 中补充所用元器件的名称、符号和在电路中的作用。

表 1-4-2　所用元器件的名称、符号和在电路中的作用

元器件	名称	符号	在电路中的作用

三、制定工作实施方案

通过工作实施方案的制定，明确任务分工和基本工序流程。

连续与点动混合正转控制电路的安装与检修
工作实施方案

1. 施工流程

连续与点动混合正转控制电路的安装需要经历三个阶段：准备、安装、检查与测试。

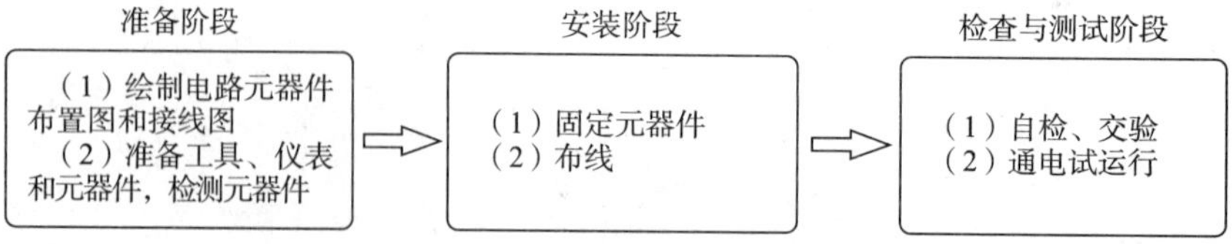

2. 人员分工

（1）小组负责人：__________

（2）小组成员及分工

姓名	分工

3. 工具、材料清单

类别	项目内容					备注
工具						
仪表						
元器件与器材	代号	名称	型号	规格	数量	

4. 工序及工期安排

序号	工作内容	完成时间	备注

学习活动 2　现场施工

学习目标

1. 能按照要求，在控制板上安装低压电气元件。
2. 能按照工艺要求，完成连续与点动混合正转控制电路的布线。
3. 能检测连续与点动混合正转控制电路并通电试运行。
4. 能对连续与点动混合正转控制电路的故障进行分析和检修。
5. 能通过检查与验收查找电路存在的问题，及时改进。
6. 能自觉遵守 6S 规范，清理场地，归置物品。

建议学时：4 学时。

学习过程

一、根据元器件布置图安装低压电气元件

安装前先检查所有电气元件，确保所有电气元件的功能正常。在安装电气元件时，注意电气元件的安装位置必须与元器件布置图一致。

二、按照接线图实施连续与点动混合正转控制电路布线

1. 布线操作

电路布线按图 1-4-3 所示接线图的走线方法，进行板前明线布线和套编码套管。按钮内接线如图 1-4-4 所示。主电路布线与接触器自锁正转控制电路基本相同。

2. 操作过程

将控制电路布线过程记录在表 1-4-3 中。

表 1-4-3　控制电路布线过程记录

线号	两端的元器件代号	连接状态

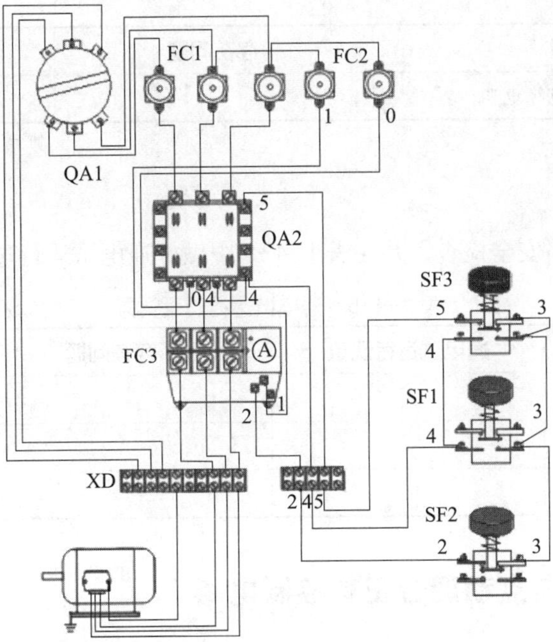

图 1-4-3　用复合按钮控制的连续与点动混合正转控制电路布线情况

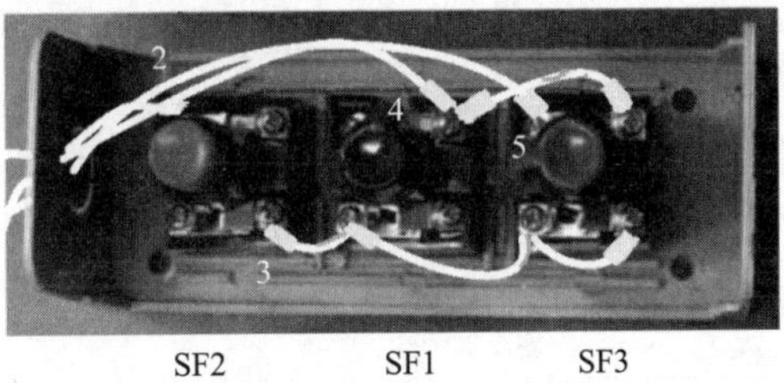

图 1-4-4　按钮内接线

三、自检、交验和通电试运行

1. 自检和交验

将自检操作过程记录在表 1-4-4 中。若自检无误，待教师签字后，电路可以通电试运行。

表 1-4-4　自检操作过程记录

<table>
<tr><th colspan="3">检测步骤</th><th>存在问题</th><th>解决方法</th></tr>
<tr><td colspan="3">对照接线图，检查各端子线号</td><td></td><td></td></tr>
<tr><td rowspan="5">用万用表检查电路的通断情况</td><td colspan="2">检查主电路</td><td></td><td></td></tr>
<tr><td rowspan="4">检查控制电路</td><td>检查点动控制</td><td></td><td></td></tr>
<tr><td>检查自锁电路</td><td></td><td></td></tr>
<tr><td>检查停机控制</td><td></td><td></td></tr>
<tr><td>检查过载保护环节</td><td></td><td></td></tr>
</table>

续表

检测步骤	存在问题	解决方法
用兆欧表检查电路的绝缘电阻		

自检和交验人：　　　　　　　　　　　　　　　　　　复核教师：

2. 通电试运行

通电前要进行电路安全检查，并在表 1-4-5 中做好通电试运行过程记录。

表 1-4-5　通电试运行过程记录

通电试运行步骤	通电试运行现象	是否存在问题	解决方法

四、检修连续与点动混合正转控制电路

1. 熟悉任务流程

参照教材中的任务流程图，熟悉本任务的主要工作步骤。

2. 判断故障并排除

（1）常见故障举例

故障现象：接通电源，按下按钮 SF1 后，电动机点动运行。

1）找出故障范围：根据故障现象分析出故障范围在电路自锁部分，如图 1-4-5 中虚线框所示。

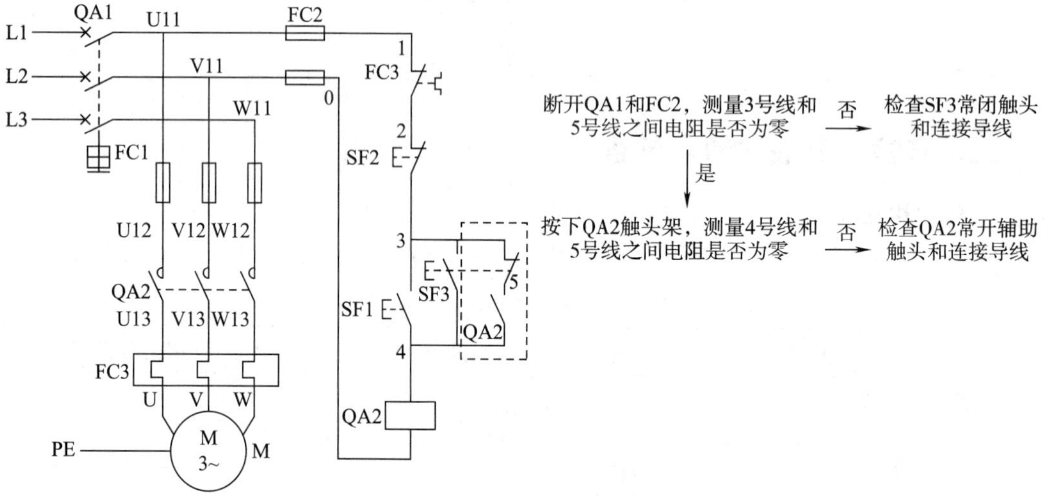

图 1-4-5　判断电路故障

2）排查故障点：用测量法（电阻法）准确而迅速地找出故障点。注意：测量时将万用表置于直流电阻挡，断开 QA1。

3）根据故障点的不同情况，采取正确的修复方法迅速排除故障。

4）排除故障后通电试运行。

（2）分析并排除实训电路故障，在表 1-4-6 中做好记录。

表 1-4-6　实训电路的故障现象、检查方法、故障原因及处理方法

故障现象	检查方法	故障原因	处理方法
按下按钮 SF3，电动机不能点动运行			
按下按钮 SF1，电动机不能连续运行			

五、检查与验收

1. 自检和互检

在表 1-4-7 中记录自检和互检情况。

表 1-4-7　自检和互检情况记录

检查项目	自检情况	互检情况
检查主电路		
检查控制电路		

2. 验收

在表 1-4-8 中记录验收过程中的问题。

表 1-4-8　验收过程中的问题记录

存在问题	整改措施	完成时间

学习活动3　评价与总结

学习目标

1. 能展示作业成果，回顾并总结各环节的关键技术。
2. 能完成本任务的综合评价。
3. 能对本任务进行归纳和总结。
4. 能复习并巩固整个任务的知识和技能要点。

建议学时：2学时。

学习过程

一、展示与回顾

1. 成果展示

以小组为单位，选择实物、演示文稿、展板、海报、视频等形式中的一种或几种，向全班同学汇报学习过程，展示学习成果。

2. 过程回顾

各小组回顾每个学习活动的进展过程、现存问题、改进措施和验收交付等情况，提炼各个活动环节的关键技术。

二、综合评价

针对本任务的学习情况，根据表1-4-9所列综合评价标准进行评分。

表1-4-9　综合评价

评价项目	评价内容及标准	配分/分	评分		
			自我评价（占比30%）	小组评价（占比30%）	教师评价（占比40%）
工作组织和管理	团队合作，合理计划，高效管理时间	5			
	定期检查工作进展和成果	5			
沟通能力	与客户交流，完全理解其要求	10			

续表

评价项目	评价内容及标准	配分/分	评分		
			自我评价（占比30%）	小组评价（占比30%）	教师评价（占比40%）
计划能力	定期检查工作，将问题最小化	5			
	提出可行性建议，提高客户满意度	10			
安装能力	根据要求设计图样，正确选用元器件	10			
	按照相关技术标准完成电路的安装	20			
检修能力	使用、测试、校准测量设备	10			
	修复检查与验收中发现的问题	25			
学生姓名		综合评价得分			
指导教师		日期			

三、归纳和总结

回顾本任务的学习过程，从电路工作原理的分析，元器件布置图和接线图的绘制，工具、仪表和器材的准备，电路安装、检测和通电试运行，故障检修等方面进行归纳，对学习过程中出现的问题进行反思与总结，优化方案和策略。

四、复习巩固

1. 填空题

（1）用试验法观察故障现象，可以初步判定故障______。

（2）测量法利用__________和______对电路进行带电或断电测量，是查找故障点的有效方法。

（3）用测量法查找并确定故障点时，常采用______测量法和______测量法。

（4）用电压测量法进行电路测量时，应把万用表的转换开关置于________________的挡位上；用电阻测量法进行电路测量时，应把万用表的转换开关置于______________________的挡位上。

2. 选择题

（1）下列不属于主令电器的是（　　）。

A. 刀开关　　B. 接触器

C. 手动开关　　D. 按钮

（2）按下复合按钮时，（　　）。

A. 常开按钮先闭合，常闭按钮后断开

B. 常闭按钮先断开，常开按钮后闭合

C. 常开按钮、常闭按钮同时动作

D. 常闭按钮动作，常开按钮不动作

（3）在电动机控制电路中，常用（　　）进行短路保护。

A. 熔断器　　B. 低压断路器　　C. 热继电器　　D. 接触器

（4）在连续与点动混合正转控制电路中，点动控制按钮的常闭触头应与接触器自锁触头（　　）。

A. 串接　　B. 并接　　C. 串接或并接　　D. 以上都不对

3. 判断题

（1）只要将热继电器的热元件串联在主电路中，就能对电动机起到过载保护作用。（　　）

（2）热继电器的额定电流就是其触头的额定电流。（　　）

（3）采用电压测量法和电阻测量法测量电路时，都要在电路断电的情况下进行。（　　）

（4）采用电压测量法测量电路时，要在电路通电的情况下进行。（　　）

（5）采用电阻测量法测量电路时，要在电路断电的情况下进行。（　　）

（6）采用逻辑分析法能准确而快速地确定故障点。（　　）

（7）在实际工作中，只要观察到同一种故障现象，则说明发生故障的部位一定相同。（　　）

4. 问答题

（1）试验法、逻辑分析法、测量法分别适用于故障检修的哪个环节？

（2）电压测量法和电阻测量法在使用方法上有哪些区别？

课题二
三相异步电动机正反转控制电路的安装与检修

任务 1　倒顺开关控制正反转控制电路的安装与检修

学习目标

1. 能正确分析倒顺开关控制正反转控制电路的工作原理。
2. 能根据电路情况，合理地选择倒顺开关的型号和参数。
3. 能合理地安装并使用倒顺开关。
4. 能按照工艺要求，正确地安装倒顺开关控制正反转控制电路。
5. 能对倒顺开关控制正反转控制电路的故障进行分析与检修。
6. 能自觉遵守 6S 规范，填写验收记录，清理场地，归置物品。

建议学时：8 学时。

工作情境描述

某企业的货物升降机因工作时间较长，其电动机电路出现故障，学院组织相关专业学生对该设备按照一定的工艺进行大修，要求在 2 天内完成货物升降机电动机电路检修、元器件更换和重新安装接线，并对检修后的货物升降机进行试运行，将检验合格的货物升降机交付验收。

工作流程与活动

学习活动 1　明确工作任务，进行施工前准备
学习活动 2　现场施工
学习活动 3　评价与总结

学习活动 1　明确工作任务，进行施工前准备

学习目标

1. 能通过阅读工作任务联系单，明确任务内容及要求等信息。
2. 能分析倒顺开关控制正反转控制电路的工作原理。
3. 能按照任务要求，通过查找相关资料，确定更换元器件的型号、规格和数量。
4. 能按照任务要求，制定工作实施方案。
5. 能按照任务要求，做好相关安全防护措施。

建议学时：2 学时。

学习过程

一、阅读工作任务联系单

根据工作情境描述，阅读表 2-1-1 所示工作任务联系单，熟知本次任务的内容及要求等信息。

表 2-1-1　工作任务联系单

检修项目	货物升降机电路故障				
任务内容	货物升降机电路为三相异步电动机倒顺开关控制正反转控制电路，考虑设备的使用状况和其控制电路特点，决定完成以下检修内容： 1. 更换货物升降机电路中损坏和不符合质量要求的低压元器件，重新固定元器件并安装电路。 2. 按照设备大修工艺要求，对电路重新布线。 3. 对大修后的电路进行检测和通电试运行				
工艺要求					
安全措施					
委托单位		责任人		承接时间	
		联系电话			
承接单位		责任人		完工时间	
		联系电话			
验收意见				验收人	

二、认识倒顺开关控制正反转控制电路

通过观看货物升降机的工作过程，了解倒顺开关控制正反转控制电路。查看货物升降机电动机控制电路，了解组成该电路中的低压电器。

1. 简述图 2-1-1 所示倒顺开关控制正反转控制电路的工作原理。

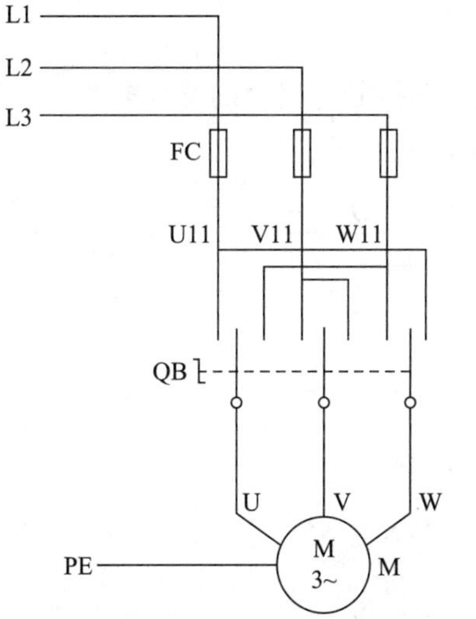

图 2-1-1　倒顺开关控制正反转控制电路

2. 根据图 2-1-1 所示电路，画出用倒顺开关控制正反转控制电路的元器件布置图。

3. 根据元器件布置图，画出用倒顺开关控制正反转控制电路的接线图。

4. 认识倒顺开关控制正反转控制电路中的低压电器，在表 2-1-2 中补充所用元器件的名称、符号和在电路中的作用。

表 2-1-2　所用元器件的名称、符号和在电路中的作用

元器件	名称	符号	在电路中的作用

5. 在图 2-1-2 所示倒顺开关中标出 L1、L2、L3 和 U 相、V 相、W 相的各接线端子。

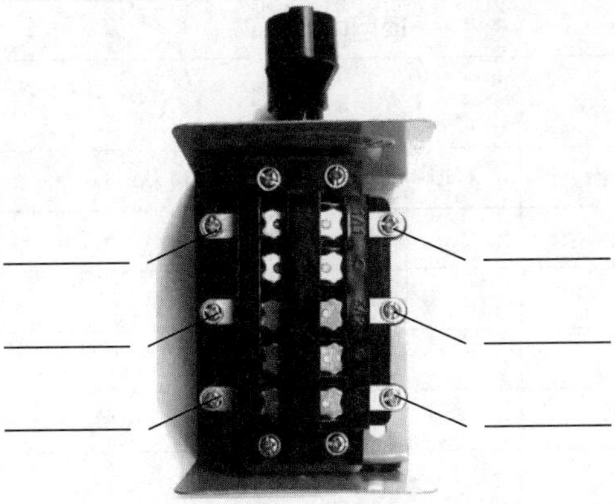

图 2-1-2　倒顺开关的接线端子

三、制定工作实施方案

通过工作实施方案的制定，明确任务分工和基本工序流程。

倒顺开关控制正反转控制电路的安装与检修
工作实施方案

1. 施工流程

倒顺开关控制正反转控制电路的安装与检修需要经历三个阶段：准备、安装、检查与测试。

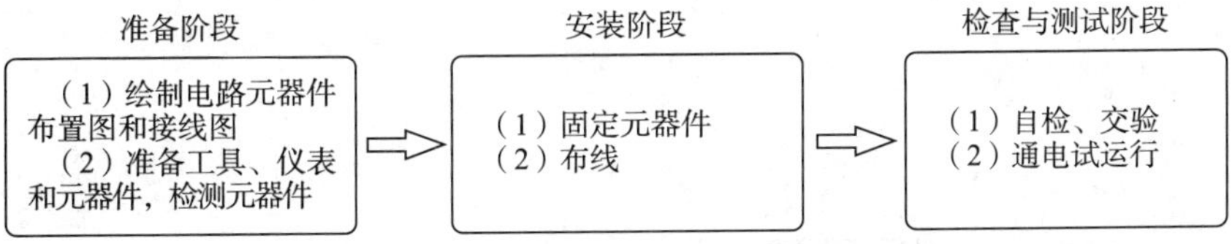

2. 人员分工

（1）小组负责人：__________

（2）小组成员及分工

姓名	分工

3. 工具、材料清单

类别	项目内容	备注
工具		

续表

类别	项目内容					备注
仪表						
元器件与器材	代号	名称	型号	规格	数量	

4. 工序及工期安排

序号	工作内容	完成时间	备注

学习活动 2　现场施工

学习目标

1. 能按照要求，在控制板上安装低压电气元件。
2. 能按照工艺要求，完成倒顺开关控制正反转控制电路的布线。
3. 能检测倒顺开关控制正反转控制电路并通电试运行。
4. 能对倒顺开关控制正反转控制电路的故障进行分析与检修。
5. 能通过检查与验收查找电路存在的问题，及时改进。
6. 能自觉遵守 6S 规范，清理场地，归置物品。

建议学时：4 学时。

学习过程

一、根据元器件布置图安装低压电气元件

安装前先检查所有电气元件，确保所有电气元件功能正常。并将倒顺开关的检查情况填写在表 2-1-3 中。

注意倒顺开关的安装位置必须与元器件布置图一致，且与垂直面的倾斜度不超过±5°。

表 2-1-3　倒顺开关的检查情况记录

倒顺开关检查项目	结果描述
铭牌数据	
外观	
动作灵敏性	
通断情况	

二、按照接线图实施倒顺开关控制正反转控制电路布线

1. 布线操作

按照接线图的走线方法，进行板前明线布线和套编码套管。

2. 操作过程

将电路布线过程记录在表 2-1-4 中。

表 2-1-4　电路布线过程记录

线号	两端的元器件代号	连接状态

三、自检、交验和通电试运行

1. 自检和交验

将自检操作过程记录在表 2-1-5 中。若自检无误，待教师签字后，电路可以通电试运行。

表 2-1-5　自检操作过程记录

检测步骤	存在问题	解决方法
对照接线图，检查各端子线号		

续表

检测步骤		存在问题	解决方法
用万用表检查电路的通断情况	检查正转控制		
	检查停机控制		
	检查反转控制		
用兆欧表检查电路的绝缘电阻			

自检和交验人：　　　　　　　　　　　　　　　　　　复核教师：

2. 通电试运行

通电前要进行电路安全检查，并在表 2-1-6 中做好通电试运行过程记录。

表 2-1-6　通电试运行过程记录

通电试运行步骤	通电试运行现象	是否存在问题	解决方法

四、检修倒顺开关控制正反转控制电路

1. 熟悉任务流程

参照教材中的任务流程图，熟悉本任务的主要工作步骤。

2. 判断故障并排除

（1）常见故障举例

故障现象：将倒顺开关置于“倒”和“顺”两个位置，电动机都不启动。

1）找出故障范围：根据故障现象分析出故障范围，在图 2-1-3 中标出故障范围。

2）排查故障点：用测量法（电压法）准确而迅速地找出故障点。注意：测量时将万用表置于交流电压 500 V 挡，合上 QB。

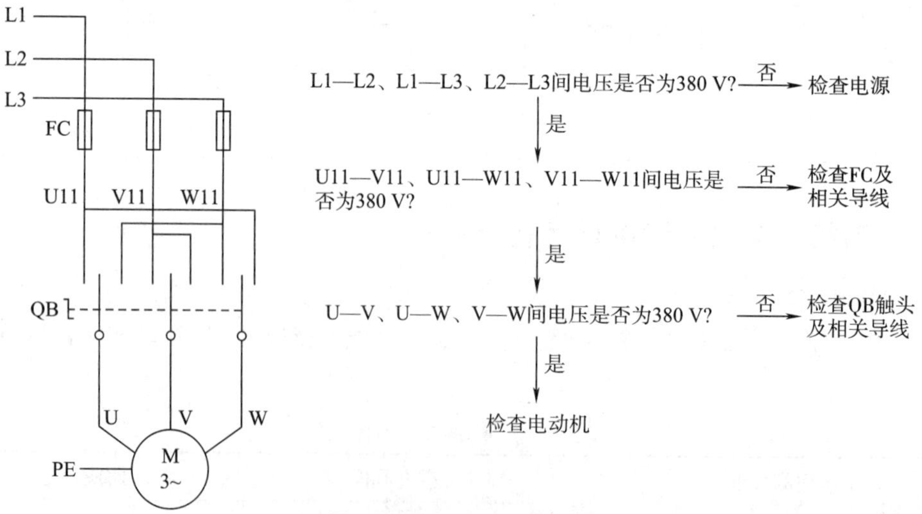

图 2-1-3　判断电路故障

3）根据故障点的不同情况，采取正确的修复方法迅速排除故障。

4）排除故障后通电试运行。

（2）分析并排除实训电路故障，在表 2-1-7 中做好记录。

表 2-1-7　实训电路的故障现象、检查方法、故障原因及处理方法

故障现象	检查方法	故障原因	处理方法
将倒顺开关置于“倒”和“顺”时，电动机都不启动或缺相			
电动机正转正常、反转不启动或缺相，或电动机反转正常、正转不启动或缺相			

五、检查与验收

1. 自检和互检

在表 2-1-8 中记录自检和互检情况。

表 2-1-8　自检和互检情况记录

检查项目	自检情况	互检情况
接线是否准确		
接线是否符合工艺要求		
电动机运行状态是否正常		

2. 验收

在表 2-1-9 中记录电路验收过程中的问题。

表 2-1-9　验收过程中的问题记录

存在问题	整改措施	完成时间

学习活动 3　评价与总结

学习目标

1. 能展示作业成果，回顾并总结各环节的关键技术。
2. 能完成本任务的综合评价。
3. 能对本任务进行归纳和总结。
4. 能复习并巩固整个任务的知识和技能要点。

建议学时：2 学时。

学习过程

一、展示与回顾

1. 成果展示

以小组为单位，选择实物、演示文稿、展板、海报、视频等形式中的一种或几种，向全班同学汇报学习过程，展示学习成果。

2. 过程回顾

各小组回顾每个学习活动的进展过程、现存问题、改进措施和验收交付等情况，提炼各个活动环节的关键技术。

二、综合评价

针对本任务的学习情况，根据表 2-1-10 所列综合评价标准进行评分。

表 2-1-10　综合评价

评价项目	评价内容及标准	配分/分	评分		
			自我评价（占比 30%）	小组评价（占比 30%）	教师评价（占比 40%）
工作组织和管理	团队合作，合理计划，高效管理时间	5			
	定期检查工作进展和成果	5			
沟通能力	与客户交流，完全理解其要求	10			

续表

评价项目	评价内容及标准	配分/分	评分		
			自我评价（占比30%）	小组评价（占比30%）	教师评价（占比40%）
计划能力	定期检查工作，将问题最小化	5			
	提出可行性建议，提高客户满意度	10			
安装能力	根据要求设计图样，正确选用元器件	10			
	按照相关技术标准完成电路的安装	20			
检修能力	使用、测试、校准测量设备	10			
	修复检查与验收中发现的问题	25			
学生姓名		综合评价得分			
指导教师		日期			

三、归纳和总结

回顾本任务的学习过程，从电路工作原理的分析，元器件布置图和接线图的绘制，工具、仪表和器材的准备，电路安装、检测和通电试运行，故障检修等方面进行归纳，对学习过程中出现的问题进行反思与总结，优化方案和策略。

四、复习巩固

1. 选择题

（1）三相交流异步电动机的旋转方向由（　　）决定。

A. 电动势方向　B. 电流方向　C. 频率　D. 旋转磁场方向

（2）三相异步电动机的正反转控制关键是改变（　　）。

A. 电源电压　B. 电源相序　C. 电源电流　D. 负载大小

（3）要使三相异步电动机反转，只要（　　）就能完成。

A. 降低电压　B. 降低电流

C. 将任意两根电源线对调　D. 降低电路功率

（4）在使用倒顺开关时，必须将接地线接到倒顺开关（　　）上。

A. 指定的接地螺钉　B. 罩壳

C. 手柄　D. 以上都不对

2. 判断题

（1）只有改变三相电源中的 U 相和 W 相，才能使电动机反转。（　　）

（2）倒顺开关进出线接错易造成两相电源短路。（　　）

（3）用倒顺开关控制电动机的正反转时，可以直接把手柄由“顺”扳至“倒”的位置，使电动机反转。（　　）

3. 问答题

（1）何时采用倒顺开关控制正反转控制电路？

（2）倒顺开关控制正反转控制电路有哪些优缺点？

任务 2　接触器联锁正反转控制电路的安装与检修

学习目标

1. 能正确分析接触器联锁正反转控制电路的工作原理。
2. 能按照工艺要求，正确地安装接触器联锁正反转控制电路。
3. 能对接触器联锁正反转控制电路的故障进行分析与检修。
4. 能自觉遵守 6S 规范，填写验收记录，清理场地，归置物品。

建议学时：8 学时。

工作情境描述

某企业的电气设备因工作时间长、操作频繁，其电动机的接触器联锁正反转控制电路出现故障，学院组织相关专业学生对该设备按照一定的工艺进行大修，要求在2天内完成接触器联锁正反转控制电路检修、元器件更换和重新安装接线，并对检修后的设备进行试运行，将检验合格的设备交付验收。

工作流程与活动

学习活动1　明确工作任务，进行施工前准备
学习活动2　现场施工
学习活动3　评价与总结

学习活动1　明确工作任务，进行施工前准备

学习目标

1. 能通过阅读工作任务联系单，明确任务内容及要求等信息。
2. 能分析接触器联锁正反转控制电路的工作原理。
3. 能按照任务要求，通过查找相关资料，确定更换元器件的型号、规格和数量。
4. 能按照任务要求，制定工作实施方案。
5. 能按照任务要求，做好相关安全防护措施。

建议学时：2学时。

学习过程

一、阅读工作任务联系单

根据工作情境描述，阅读表 2-2-1 所示工作任务联系单，熟知本次任务的内容及要求等信息。

表 2-2-1　工作任务联系单

<table>
<tr><td>检修项目</td><td colspan="5">电气设备故障</td></tr>
<tr><td>任务内容</td><td colspan="5">电气设备电路为三相异步电动机接触器联锁正反转控制电路，考虑设备的使用状况和其控制电路特点，决定完成以下检修内容：
1. 更换电气设备电路中损坏和不符合要求的低压元器件，重新固定元器件并安装电路。
2. 按照设备大修工艺要求，对电路重新布线。
3. 对大修后的电路进行检测和通电试运行</td></tr>
<tr><td>工艺要求</td><td colspan="5"></td></tr>
<tr><td>安全措施</td><td colspan="5"></td></tr>
<tr><td rowspan="2">委托单位</td><td rowspan="2"></td><td>责任人</td><td></td><td rowspan="2">承接时间</td><td rowspan="2"></td></tr>
<tr><td>联系电话</td><td></td></tr>
<tr><td rowspan="2">承接单位</td><td rowspan="2"></td><td>责任人</td><td></td><td rowspan="2">完工时间</td><td rowspan="2"></td></tr>
<tr><td>联系电话</td><td></td></tr>
<tr><td>验收意见</td><td colspan="3"></td><td>验收人</td><td></td></tr>
</table>

二、认识接触器联锁正反转控制电路

通过观看电气设备的工作过程，了解三相异步电动机接触器联锁正反转控制电路。

1. 简述图 2-2-1 所示接触器联锁正反转控制电路的工作原理。

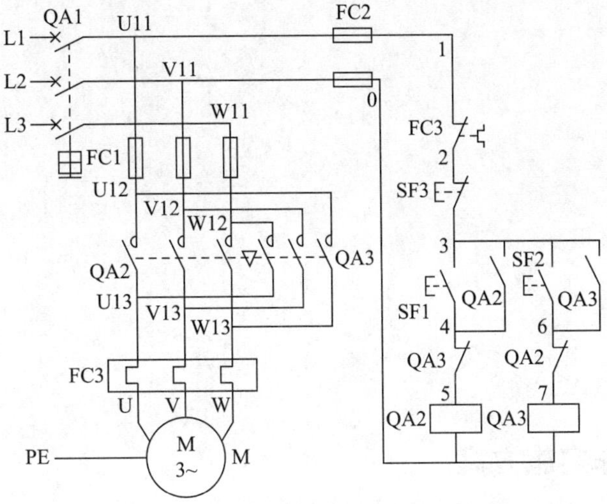

图 2-2-1　接触器联锁正反转控制电路

2. 根据图 2-2-1 所示电路，画出接触器联锁正反转控制电路的元器件布置图。

3. 根据元器件布置图，画出接触器联锁正反转控制电路的接线图。

三、制定工作实施方案

通过工作实施方案的制定，明确任务分工和基本工序流程。

接触器联锁正反转控制电路的安装与检修
工作实施方案

1. 施工流程

接触器联锁正反转控制电路的安装与检修需要经历三个阶段：准备、安装、检查与测试。

准备阶段	→	安装阶段	→	检查与测试阶段
（1）绘制电路元器件布置图和接线图 （2）准备工具、仪表和元器件，检测元器件	⇨	（1）固定元器件 （2）布线	⇨	（1）自检、交验 （2）通电试运行

2. 人员分工

（1）小组负责人：__________

（2）小组成员及分工

姓名	分工

3. 工具、材料清单

类别	项目内容	备注
工具		

续表

类别	项目内容					备注
仪表						
元器件与器材	代号	名称	型号	规格	数量	

4. 工序及工期安排

序号	工作内容	完成时间	备注

学习活动 2　现场施工

学习目标

1. 能按照要求，在控制板上安装低压电气元件。
2. 能按照工艺要求，完成接触器联锁正反转控制电路的布线。
3. 能检测接触器联锁正反转控制电路并通电试运行。
4. 能对接触器联锁正反转控制电路的故障进行分析与检修。
5. 能通过检查与验收查找电路存在的问题，及时改进。
6. 能自觉遵守 6S 规范，清理场地，归置物品。

建议学时：4 学时。

学习过程

一、根据元器件布置图安装低压电气元件

安装前先检查所有电气元件，确保所有电气元件的功能正常。注意电气元件的安装位置必须与元器件布置图一致。

二、按照接线图实施接触器联锁正反转控制电路布线

1. 布线操作

（1）控制电路布线

在图 2-2-2 中标出控制电路自锁、联锁线接线的线号。

（2）主电路布线

在图 2-2-3 中补充两个接触器主触头之间的连接线。

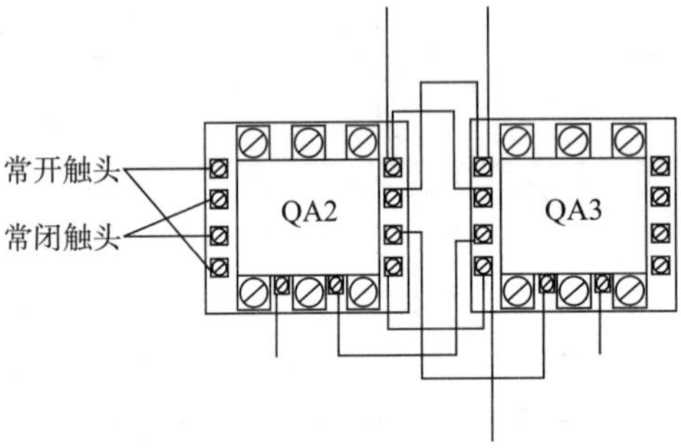

图 2-2-2　自锁、联锁线接线

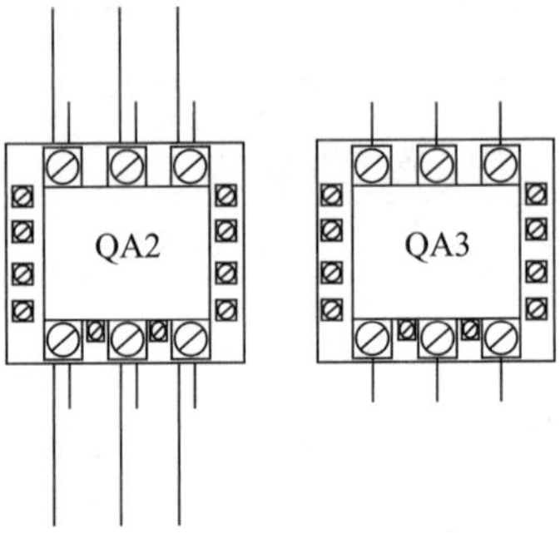

图 2-2-3　主电路接线

将电路布线过程记录在表 2-2-2 中。

表 2-2-2　电路布线过程记录

线号	两端的元器件代号	连接状态

2. 布线情况

图 2-2-4 所示为接触器联锁正反转控制电路的布线情况。

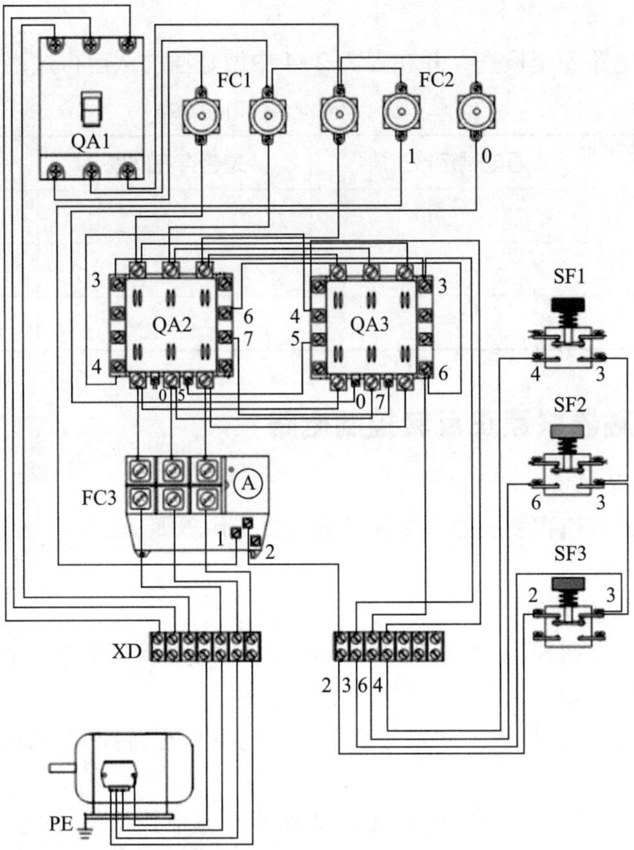

图 2-2-4　接触器联锁正反转控制电路的布线情况

三、自检、交验和通电试运行

1. 自检和交验

将自检操作过程记录在表 2-2-3 中。若自检无误，待教师签字后，电路可以通电试运行。

表 2-2-3　自检操作过程记录

<table>
<tr><th colspan="3">检测步骤</th><th>存在问题</th><th>解决方法</th></tr>
<tr><td colspan="3">对照接线图，检查各端子线号</td><td></td><td></td></tr>
<tr><td rowspan="5">用万用表检查电路的通断情况</td><td colspan="2">检查主电路</td><td></td><td></td></tr>
<tr><td rowspan="4">检查控制电路</td><td>检查启动控制电路</td><td></td><td></td></tr>
<tr><td>检查接触器自锁、联锁电路</td><td></td><td></td></tr>
<tr><td>检查停机控制</td><td></td><td></td></tr>
<tr><td>检查过载保护环节</td><td></td><td></td></tr>
<tr><td colspan="3">用兆欧表检查电路的绝缘电阻</td><td></td><td></td></tr>
</table>

自检和交验人：　　　　　　　　　　　　　　　　　　　　复核教师：

2. 通电试运行

通电前要进行电路安全检查，并在表 2-2-4 中做好通电试运行过程记录。

表 2-2-4　通电试运行过程记录

通电试运行步骤	通电试运行现象	是否存在问题	解决方法

四、检修接触器联锁正反转控制电路

1. 熟悉任务流程

参照教材中的任务流程图，熟悉本任务的主要工作步骤。

2. 判断故障并排除

（1）常见故障举例

故障现象：按下按钮 SF1，接触器线圈不吸合，电动机无法正转；按下按钮 SF2，接触器线圈吸合，电动机反转。

1）找出故障范围：根据故障现象分析出故障范围在正转控制电路部分，如图 2-2-5 中虚线框所示。

2）排查故障点：用测量法（电阻法）准确而迅速地找出故障点。注意：断开 QA1，测量时将万用表置于直流电阻挡（R×100），并进行欧姆调零。

3）根据故障点的不同情况，采取正确的修复方法迅速排除故障。

4）排除故障后通电试运行。

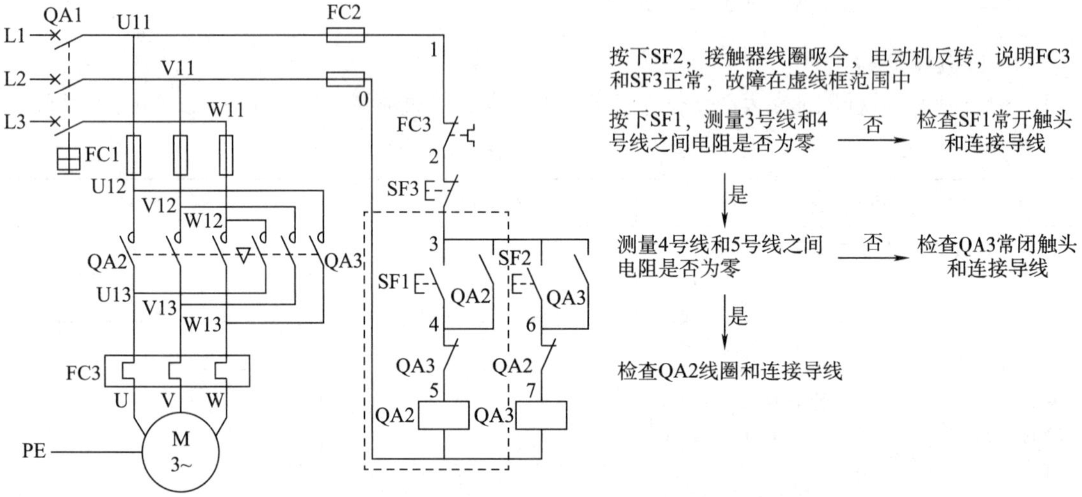

图 2-2-5　判断电路故障

（2）分析并排除实训电路故障，在表 2-2-5 中做好记录。

表 2-2-5　实训电路的故障现象、检查方法、故障原因及处理方法

故障现象	检查方法	故障原因	处理方法
按下按钮 SF1 和 SF2，接触器 QA2、QA3 动作，但电动机不启动			
电动机正转正常，反转时接触器不动作，电动机不能反转			
电动机正转正常，反转缺相			
按下按钮 SF1 和 SF2，接触器 QA2 和 QA3 都不动作，电动机不启动			
按下按钮 SF1，电动机正常转动；松开按钮 SF1 后，电动机停转			

续表

故障现象	检查方法	故障原因	处理方法
按下按钮 SF1，电动机正常转动；按下按钮 SF3，电动机不能停止			
按下按钮 SF1 和 SF2，电动机都发出“嗡嗡”声，但不能正常启动			

五、检查与验收

1. 自检和互检

在表 2-2-6 中记录自检和互检情况。

表 2-2-6 自检和互检情况记录

检查项目	自检情况	互检情况
接线是否准确		
接线是否符合工艺要求		
电动机运行状态是否正常		

2. 验收

在表 2-2-7 中记录电路验收过程中的问题。

表 2-2-7 验收过程中的问题记录

存在问题	整改措施	完成时间

学习活动3 评价与总结

学习目标

1. 能展示作业成果，回顾并总结各环节的关键技术。
2. 能完成本任务的综合评价。
3. 能对本任务进行归纳和总结。
4. 能复习并巩固整个任务的知识和技能要点。

建议学时：2学时。

学习过程

一、展示与回顾

1. 成果展示

以小组为单位，选择实物、演示文稿、展板、海报、视频等形式中的一种或几种，向全班同学汇报学习过程，展示学习成果。

2. 过程回顾

各小组回顾每个学习活动的进展过程、现存问题、改进措施和验收交付等情况，提炼各个活动环节的关键技术。

二、综合评价

针对本任务的学习情况，根据表2-2-8所列综合评价标准进行评分。

表2-2-8 综合评价

评价项目	评价内容及标准	配分/分	评分		
			自我评价（占比30%）	小组评价（占比30%）	教师评价（占比40%）
工作组织和管理	团队合作，合理计划，高效管理时间	5			
	定期检查工作进展和成果	5			
沟通能力	与客户交流，完全理解其要求	10			

续表

评价项目	评价内容及标准	配分/分	评分		
			自我评价（占比30%）	小组评价（占比30%）	教师评价（占比40%）
计划能力	定期检查工作，将问题最小化	5			
	提出可行性建议，提高客户满意度	10			
安装能力	根据要求设计图样，正确选用元器件	10			
	按照相关技术标准完成电路的安装	20			
检修能力	使用、测试、校准测量设备	10			
	修复检查与验收中发现的问题	25			
学生姓名		综合评价得分			
指导教师		日期			

三、归纳和总结

回顾本任务的学习过程，从电路工作原理的分析，元器件布置图和接线图的绘制，工具、仪表和器材的准备，电路安装、检测和通电试运行及故障检修等方面进行归纳，对学习过程中出现的问题进行反思与总结，优化方案和策略。

四、复习巩固

1. 选择题

（1）在接触器联锁正反转控制电路中，为避免两相电源短路事故，必须在正反转控制电路中分别串接（　　）。

A. 联锁触头　　B. 自锁触头
C. 主触头　　D. 以上都不对

（2）在接触器联锁正反转控制电路中，其联锁触头应是对方接触器的（　　）。

A. 主触头　　B. 辅助常开触头
C. 辅助常闭触头　　D. 以上都不对

（3）在操作接触器联锁正反转控制电路时，要使电动机从正转变为反转，正确的操作方法是（　　）。

A. 直接按下反转启动按钮
B. 直接按下正转启动按钮
C. 先按下停止按钮，再按下反转启动按钮
D. 以上都不对

2. 判断题

（1）在接触器连锁正反转控制电路中，正反转接触器的主触头有时可以同时闭合。（　　）

（2）为了保证三相异步电动机实现反转，正反转接触器的主触头必须按相同的相序并接后串接在主电路中。（　　）

（3）接触器联锁正反转控制电路的优点是工作安全可靠、操作方便。（　　）

3. 问答题

（1）在接触器联锁正反转控制电路中，两个接触器主触头如何接线才能实现电动机正反转控制？

（2）在接触器联锁正反转控制电路中，两个接触器能否同时得电闭合？为什么？

任务3　按钮、接触器双重联锁正反转控制电路的安装与检修

学习目标

1. 能正确分析按钮、接触器双重联锁正反转控制电路的工作原理。
2. 能按照工艺要求，正确地安装按钮、接触器双重联锁正反转控制电路。
3. 能对按钮、接触器双重联锁正反转控制电路的故障进行分析与检修。
4. 能自觉遵守6S规范，填写验收记录，清理场地，归置物品。

建议学时：8学时。

工作情境描述

某企业的电动门在长期运行后出现控制电路故障，学院组织相关专业学生对该设备按照一定的工艺进行大修，要求在 2 天内完成电动门控制电路检修、元器件更换和重新安装接线，并对检修后的电动门进行试运行，将检验合格的电动门交付验收。

工作流程与活动

学习活动 1　明确工作任务，进行施工前准备
学习活动 2　现场施工
学习活动 3　评价与总结

学习活动 1　明确工作任务，进行施工前准备

学习目标

1. 能通过阅读工作任务联系单，明确任务内容及要求等信息。
2. 能分析按钮、接触器双重联锁正反转控制电路的工作原理。
3. 能按照任务要求，通过查找相关资料，确定更换元器件的型号、规格和数量。
4. 能按照任务要求，制定工作实施方案。
5. 能按照任务要求，做好相关安全防护措施。

建议学时：2 学时。

学习过程

一、阅读工作任务联系单

根据工作情境描述，阅读表 2-3-1 所示工作任务联系单，熟知本次任务的内容及要求等信息。

表 2-3-1　工作任务联系单

检修项目	电动门故障				
任务内容	电动门控制电路为三相异步电动机按钮、接触器双重联锁正反转控制电路，考虑电动门的使用状况和其控制电路特点，决定完成以下检修内容： 1. 更换电动门控制电路中损坏和不符合要求的低压元器件，重新固定元器件并安装电路。 2. 按照设备大修工艺要求，对电路重新布线。 3. 对大修后的电路进行检测和通电试运行				
工艺要求					
安全措施					
委托单位		责任人		承接时间	
		联系电话			
承接单位		责任人		完工时间	
		联系电话			
验收意见				验收人	

二、认识按钮、接触器双重联锁正反转控制电路

通过观看电动门的工作过程，了解按钮、接触器双重联锁正反转控制电路。

1. 简述图 2-3-1 所示按钮、接触器双重联锁正反转控制电路的工作原理。

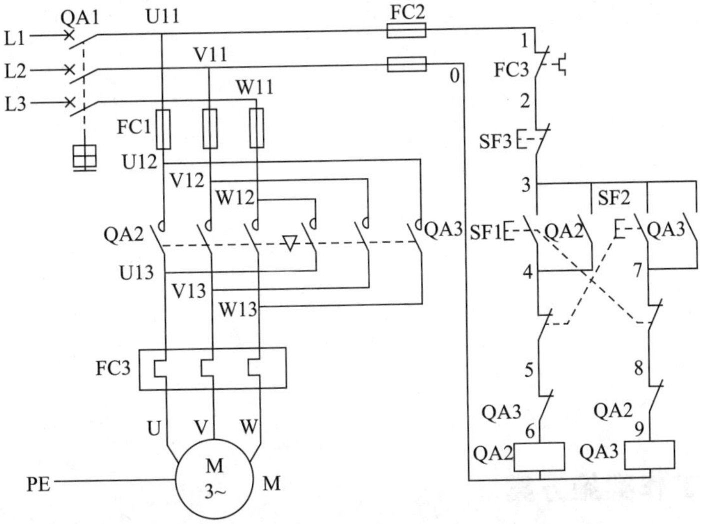

图 2-3-1　按钮、接触器双重联锁正反转控制电路

2. 根据图 2–3–1 所示电路，画出按钮、接触器双重联锁正反转控制电路的元器件布置图。

3. 根据元器件布置图，画出按钮、接触器双重联锁正反转控制电路的接线图。

三、制定工作实施方案

通过工作实施方案的制定，明确任务分工和基本工序流程。

按钮、接触器双重联锁正反转控制电路的安装与检修工作实施方案

1. 施工流程

按钮、接触器双重联锁正反转控制电路的安装与检修需要经历三个阶段：准备、安装、检查与测试。

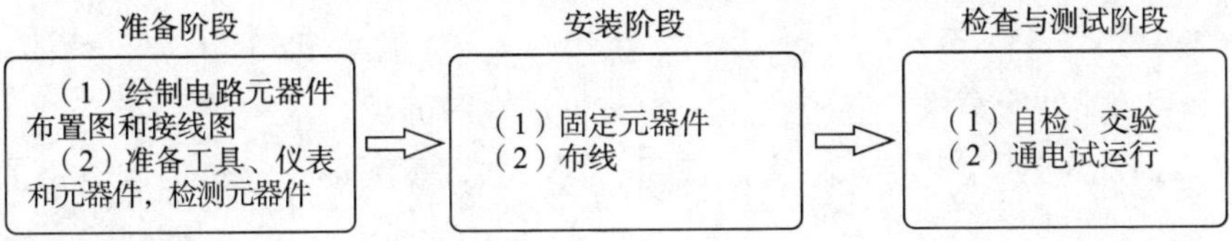

2. 人员分工

（1）小组负责人：________

（2）小组成员及分工

姓名	分工

3. 工具、材料清单

类别	项目内容					备注
工具						
仪表						
元器件与器材	代号	名称	型号	规格	数量	

4. 工序及工期安排

序号	工作内容	完成时间	备注

学习活动 2　现场施工

学习目标

1. 能按照要求，在控制板上安装低压电气元件。
2. 能按照工艺要求，完成按钮、接触器双重联锁正反转控制电路的布线。
3. 能检测按钮、接触器双重联锁正反转控制电路并通电试运行。
4. 能对按钮、接触器双重联锁正反转控制电路的故障进行分析与检修。
5. 能通过检查与验收查找电路存在的问题，及时改进。
6. 能自觉遵守 6S 规范，清理场地，归置物品。

建议学时：4 学时。

学习过程

一、根据元器件布置图安装低压电气元件

安装前先检查所有电气元件，确保所有电气元件的功能正常。注意电气元件的安装位置必须与元器件布置图一致。

二、按照接线图实施按钮、接触器双重联锁正反转控制电路布线

1. 主电路布线

主电路布线与接触器联锁正反转控制电路主电路布线相同。

2. 控制电路布线

（1）将控制电路布线过程记录在表 2-3-2 中。

表 2-3-2　控制电路布线过程记录

线号	两端的元器件代号	连接状态

（2）在图 2-3-2 所示三联按钮中标出各端子的线号。

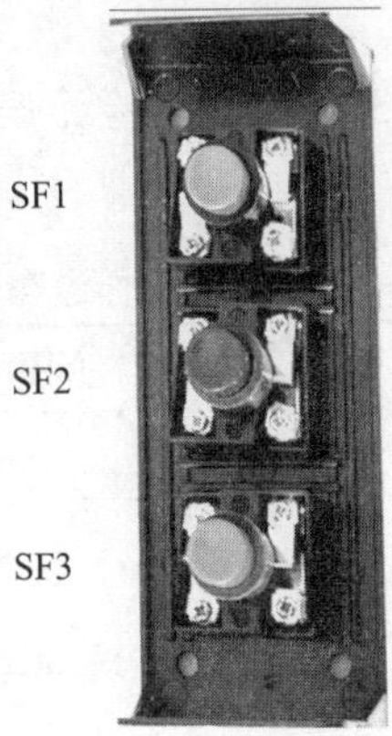

图 2-3-2　三联按钮

3. 整体布线

图 2-3-3 所示为按钮、接触器双重联锁正反转控制电路整体布线情况。

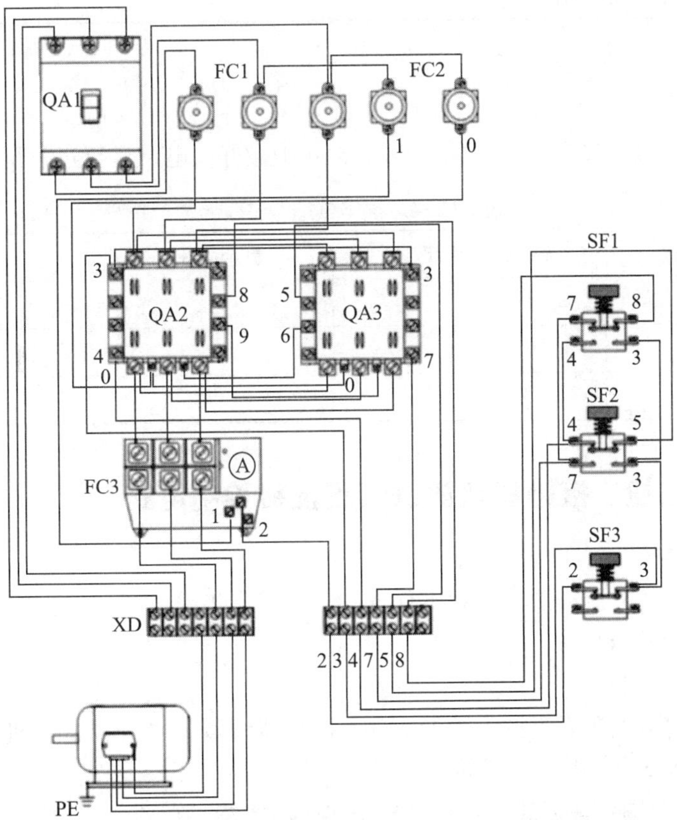

图 2-3-3　按钮、接触器双重联锁正反转控制电路整体布线情况

三、自检、交验和通电试运行

1. 自检和交验

将自检操作过程记录在表 2-3-3 中。若自检无误，待教师签字后，电路可以通电试运行。

表 2-3-3　自检操作过程记录

<table>
<tr><th colspan="3">检测步骤</th><th>存在问题</th><th>解决方法</th></tr>
<tr><td colspan="3">对照接线图，检查各端子线号</td><td></td><td></td></tr>
<tr><td rowspan="6">用万用表检查电路的通断情况</td><td colspan="2">检查主电路</td><td></td><td></td></tr>
<tr><td rowspan="5">检查控制电路</td><td>检查启动控制</td><td></td><td></td></tr>
<tr><td>检查接触器自锁和联锁电路</td><td></td><td></td></tr>
<tr><td>检查按钮联锁电路</td><td></td><td></td></tr>
<tr><td>检查停机控制</td><td></td><td></td></tr>
<tr><td>检查过载保护环节</td><td></td><td></td></tr>
<tr><td colspan="3">用兆欧表检查电路的绝缘电阻</td><td></td><td></td></tr>
</table>

自检和交验人：　　　　　　　　　　　　　　　　复核教师：

2. 通电试运行

通电前要进行电路安全检查，并在表 2-3-4 中做好通电试运行过程记录。

表 2-3-4　通电试运行过程记录

通电试运行步骤	通电试运行现象	是否存在问题	解决方法

四、检修按钮、接触器双重联锁正反转控制电路

1. 熟悉任务流程

参照教材中的任务流程图，熟悉本任务的主要工作步骤。

2. 判断故障并排除

（1）常见故障举例

故障现象：接通电源后，按下按钮 SF1，接触器线圈不吸合，电动机无法正转；按下按钮 SF2，接触器吸合，电动机反转。

1）找出故障范围：根据故障现象分析得出故障范围，在图 2-3-4 中标出故障范围。

2）排查故障点：用测量法（电压法）准确而迅速地找出故障点。注意：测量时将万用表置于交流电压 500 V 挡，合上 QA1。

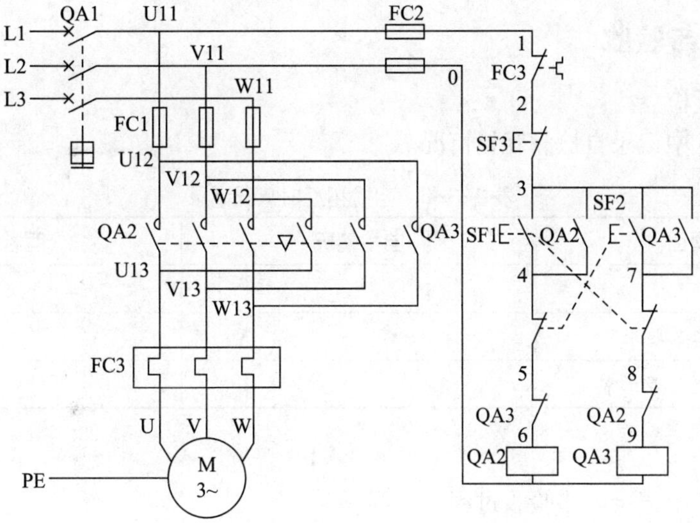

图 2-3-4 判断电路故障

写出测量流程：

3）根据故障点的不同情况，采用正确的修复方法迅速排除故障。

4）排除故障后通电试运行。

（2）分析并排除实训电路故障，在表 2-3-5 中做好记录。

表 2-3-5 实训电路的故障现象、检查方法、故障原因及处理方法

故障现象	检查方法	故障原因	处理方法
电动机正转正常，按下反转按钮 SF2，QA2 能释放，但 QA3 不吸合，电动机不能反转			

五、检查与验收

1. 自检和互检

在表 2-3-6 中记录自检和互检情况。

表 2-3-6　自检和互检情况记录

检查项目	自检情况	互检情况
接线是否准确		
接线是否符合工艺要求		
电动机运行状态是否正常		

2. 验收

在表 2-3-7 中记录电路验收过程中的问题。

表 2-3-7　验收过程中的问题记录

存在问题	整改措施	完成时间

学习活动 3　评价与总结

学习目标

1. 能展示作业成果，回顾并总结各环节的关键技术。
2. 能完成本任务的综合评价。
3. 能对本任务进行归纳和总结。
4. 能复习并巩固整个任务的知识和技能要点。

建议学时：2 学时。

学习过程

一、展示与回顾

1. 成果展示

以小组为单位，选择实物、演示文稿、展板、海报、视频等形式中的一种或几种，向全班同学汇报学习过程，展示学习成果。

2. 过程回顾

各小组回顾每个学习活动的进展过程、现存问题、改进措施和验收交付等情况，提炼各个活动环节的关键技术。

二、综合评价

针对本任务的学习情况，根据表 2-3-8 所列综合评价标准进行评分。

表 2-3-8　综合评价

评价项目	评价内容及标准	配分/分	评分		
			自我评价（占比30%）	小组评价（占比30%）	教师评价（占比40%）
工作组织和管理	团队合作，合理计划，高效管理时间	5			
	定期检查工作进展和成果	5			
沟通能力	与客户交流，完全理解其要求	10			
计划能力	定期检查工作，将问题最小化	5			
	提出可行性建议，提高客户满意度	10			
安装能力	根据要求设计图样，正确选用元器件	10			
	按照相关技术标准完成电路的安装	20			
检修能力	使用、测试、校准测量设备	10			
	修复检查与验收中发现的问题	25			
学生姓名		综合评价得分			
指导教师		日期			

三、归纳和总结

回顾本任务的学习过程，从电路工作原理的分析，元器件布置图和接线图的绘制，工具、仪表和器材的准备，电路安装、检测和通电试运行及故障检修等方面进行归纳，对学习过程中出现的问题进行反思与总结，优化方案和策略。

四、复习巩固

1. 选择题

（1）在操作按钮、接触器双重联锁正反转控制电路时，要使电动机从正转变为反转，正确的操作方法是（　　）。

A. 直接按下反转启动按钮

B. 直接按下正转启动按钮

C. 必须先按下停止按钮，再按下反转启动按钮

D. 必须先按下停止按钮，再按下正转启动按钮

（2）在实际工作中，常用、可靠的是（　　）正反转控制电路。

A. 倒顺开关控制　　B. 接触器联锁

C. 按钮联锁　　D. 按钮、接触器双重联锁

2. 判断题

（1）按钮、接触器双重联锁正反转控制电路的优点是工作安全可靠、操作方便。（　　）

（2）在按钮、接触器双重联锁正反转控制电路中，若正转接触器和反转接触器同时通电，会发生两相电源短路事故。（　　）

（3）当一个接触器得电动作时，通过其辅助常开触头使另一个接触器不能得电动作，称为联锁。（　　）

（4）在按钮、接触器双重联锁正反转控制电路中，双重联锁是由复合按钮的常开触头和接触器的辅助常开触头实现的。（　　）

3. 问答题

（1）按钮、接触器双重联锁正反转控制电路有哪些优点？

（2）画出点动控制双重联锁正反转控制电路的电路图，并简述电路的工作原理。

课题三
三相异步电动机位置控制和自动往返控制电路的安装与检修

任务 1　位置控制电路的安装与检修

学习目标

1. 能正确分析位置控制电路的工作原理。
2. 能根据电路情况，合理地选择行程开关的型号和参数。
3. 能合理地安装并使用行程开关。
4. 能按照工艺要求，正确地安装位置控制电路。
5. 能对位置控制电路的故障进行分析与检修。
6. 能自觉遵守 6S 规范，填写验收记录，清理场地，归置物品。

建议学时：8 学时。

工作情境描述

某企业生产用行车运行时出现故障，学院组织相关专业学生对该行车按照一定的工艺进行大修，要求在 2 天内完成该行车控制电路检修、元器件更换和重新安装接线，并对检修后的行车进行试运行，将检验合格的行车交付验收。

工作流程与活动

学习活动 1　明确工作任务，进行施工前准备
学习活动 2　现场施工
学习活动 3　评价与总结

学习活动 1　明确工作任务，进行施工前准备

学习目标

1. 能通过阅读工作任务联系单，明确任务内容及要求等信息。
2. 能分析位置控制电路的工作原理。
3. 能按照任务要求，通过查找相关资料，确定更换元器件的型号、规格和数量。
4. 能按照任务要求，制定工作实施方案。
5. 能按照任务要求，做好相关安全防护措施。

建议学时：2 学时。

学习过程

一、阅读工作任务联系单

根据工作情境描述，阅读表 3-1-1 所示工作任务联系单，熟知本次任务的内容及要求等信息。

表 3-1-1 工作任务联系单

<table>
<tr><th>检修项目</th><th colspan="4">行车故障</th></tr>
<tr><td>任务内容</td><td colspan="4">行车控制电路为三相异步电动机位置控制电路，考虑行车的使用状况和其控制电路特点，决定完成以下检修内容：
1. 更换行车控制电路中损坏和不符合要求的低压元器件，重新固定元器件并安装电路。
2. 按照设备大修工艺要求，对电路重新布线。
3. 对大修后的电路进行检测和通电试运行</td></tr>
<tr><td>工艺要求</td><td colspan="4"></td></tr>
<tr><td>安全措施</td><td colspan="4"></td></tr>
<tr><td rowspan="2">委托单位</td><td rowspan="2"></td><td>责任人</td><td></td><td rowspan="2">承接时间</td><td rowspan="2"></td></tr>
<tr><td>联系电话</td><td></td></tr>
<tr><td rowspan="2">承接单位</td><td rowspan="2"></td><td>责任人</td><td></td><td rowspan="2">完工时间</td><td rowspan="2"></td></tr>
<tr><td>联系电话</td><td></td></tr>
<tr><td>验收意见</td><td colspan="3"></td><td>验收人</td><td></td></tr>
</table>

二、认识位置控制电路

通过观看行车的工作过程，了解位置控制电路。查看行车的控制电路，了解组成该电路的低压电器。

1. 简述图 3-1-1 所示位置控制电路的工作原理。

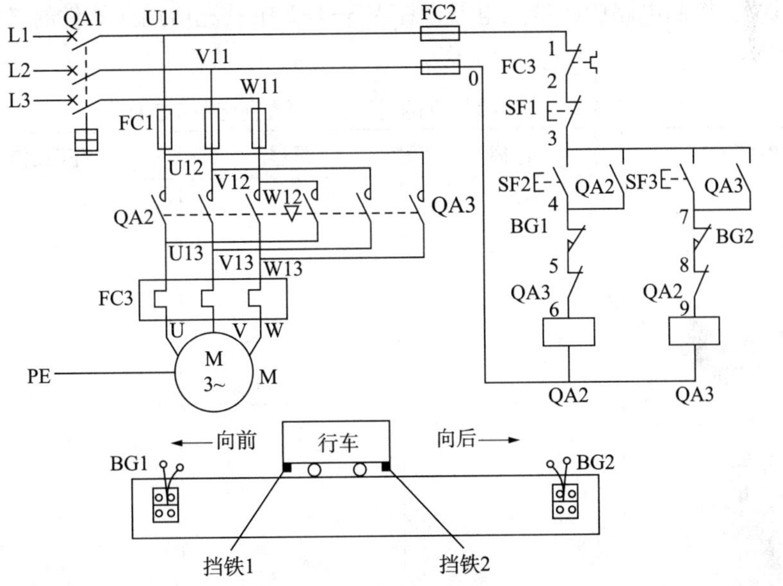

图 3-1-1 位置控制电路

2. 根据图 3-1-1 所示电路，画出位置控制电路的元器件布置图和接线图。

3. 认识位置控制电路中的低压电器，在表 3-1-2 中补充所用元器件的名称、符号和在电路中的作用。

表 3-1-2 所用元器件的名称、符号和在电路中的作用

元器件	名称	符号	在电路中的作用

续表

元器件	名称	符号	在电路中的作用

4. 填写 LX19 系列行程开关的型号及含义。

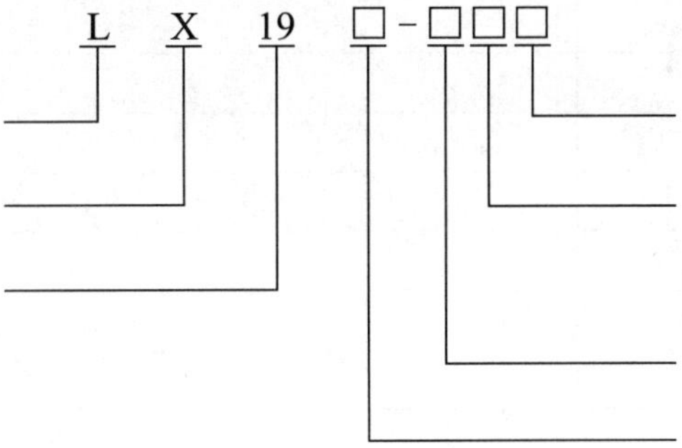

三、制定工作实施方案

通过工作实施方案的制定，明确任务分工和基本工序流程。

位置控制电路的安装与检修
工作实施方案

1. 施工流程

三相异步电动机位置控制电路的安装与检修需要经历三个阶段：准备、安装、检查与测试。

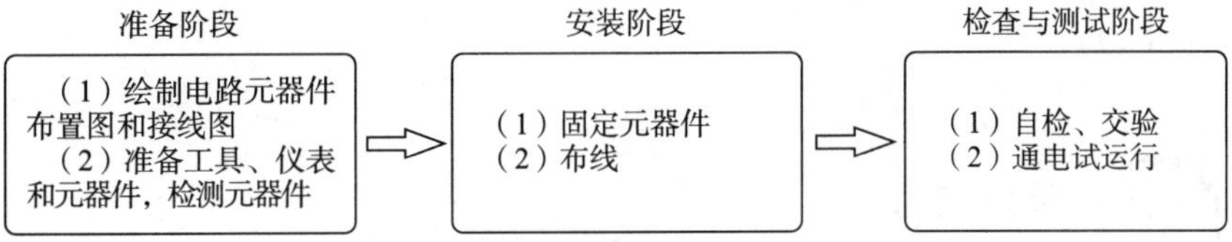

2. 人员分工

（1）小组负责人：__________

（2）小组成员及分工

姓名	分工

3. 工具、材料清单

类别	项目内容					备注
工具						
仪表						
元器件与器材	代号	名称	型号	规格	数量	

4. 工序及工期安排

序号	工作内容	完成时间	备注

学习活动 2　现场施工

学习目标

1. 能按照要求，在控制板上安装低压电气元件。
2. 能按照工艺要求，完成位置控制电路的布线。
3. 能检测位置控制电路并通电试运行。
4. 能对位置控制电路的故障进行分析与检修。
5. 能通过检查与验收查找电路存在的问题，及时改进。
6. 能自觉遵守 6S 规范，清理场地，归置物品。

建议学时：4 学时。

学习过程

一、根据元器件布置图安装低压电气元件

1. 安装和固定电气元件

安装前先检查所有电气元件，确保所有电气元件的功能正常。将行程开关的检查内容填写在表 3-1-3 中。注意电气元件的安装位置必须与元器件布置图一致。

表 3-1-3　行程开关的检查情况记录

行程开关检查项目	结果描述
铭牌数据	
外观	
动作灵敏性	
通断情况	

2. 安装和固定走线槽

安装走线槽时，应做到横平竖直、排列整齐匀称、安装牢固和便于走线等。图 3-1-2 所示为元器件和走线槽安装概况。

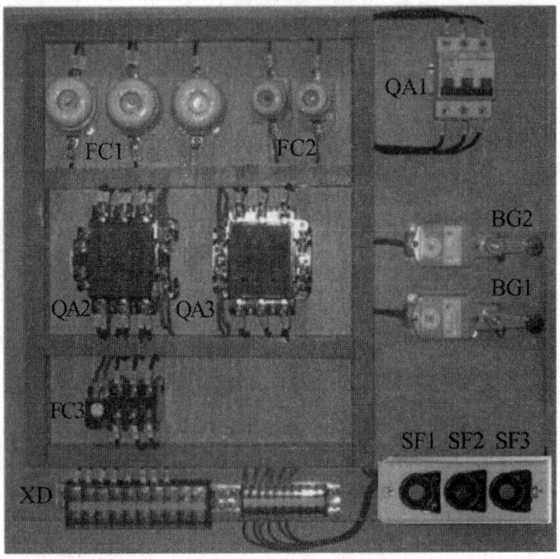

图 3-1-2　元器件和走线槽安装概况

二、按照接线图实施位置控制电路布线

行程开关的接线如图 3-1-3 所示，布线情况如图 3-1-4 所示。

图 3-1-3　行程开关的接线

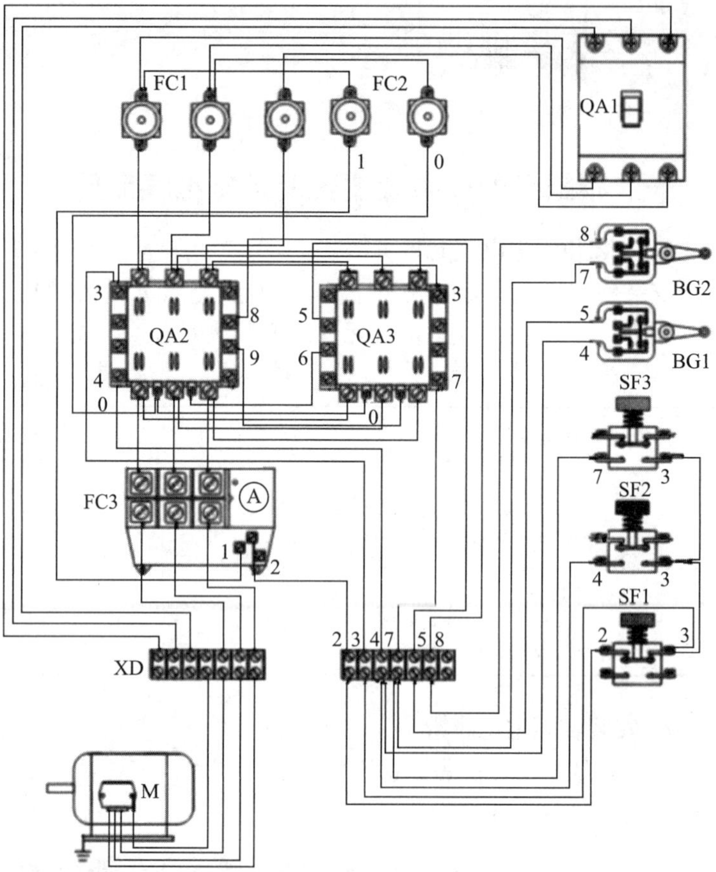

图 3-1-4　布线情况

将电路布线过程记录在表 3-1-4 中。

表 3-1-4　电路布线过程记录

线号	两端的元器件代号	连接状态

三、自检、交验和通电试运行

1. 自检和交验

将自检操作过程记录在表 3-1-5 中。若自检无误，待教师签字后，电路可以通电试运行。

表 3-1-5 自检操作过程记录

<table>
<tr><th colspan="3">检测步骤</th><th>存在问题</th><th>解决方法</th></tr>
<tr><td colspan="3">对照接线图，检查各端子线号</td><td></td><td></td></tr>
<tr><td rowspan="7">用万用表检查电路的通断情况</td><td colspan="2">检查主电路</td><td></td><td></td></tr>
<tr><td rowspan="6">检查控制电路</td><td>检查启动控制</td><td></td><td></td></tr>
<tr><td>扳动 BG1、BG2 滚轮检查电路通断</td><td></td><td></td></tr>
<tr><td>检查接触器联锁</td><td></td><td></td></tr>
<tr><td>检查停机控制</td><td></td><td></td></tr>
<tr><td>检查过载保护环节</td><td></td><td></td></tr>
<tr><td colspan="3">用兆欧表检查电路的绝缘电阻</td><td></td><td></td></tr>
</table>

自检和交验人： 复核教师：

2. 通电试运行

通电前要进行电路安全检查，并在表 3-1-6 中做好通电试运行过程记录。

表 3-1-6 通电试运行过程记录

通电试运行步骤	通电试运行现象	是否存在问题	解决方法

四、检修位置控制电路

1. 熟悉任务流程

参照教材中的任务流程图，熟悉本任务的主要工作步骤。

2. 判断故障并排除

（1）常见故障举例

故障现象：行车向前行驶，碰到 BG1 开关后停下来，按下按钮 SF3，行车没有启动向后行驶。

1）找出故障范围：根据故障现象分析出故障范围，在图 3-1-5 中标出故障范围。

2）排查故障点：用测量法（电压法）准确而迅速地找出故障点。注意：测量时将万用表置于交流电压 500 V 挡，合上 QA1。

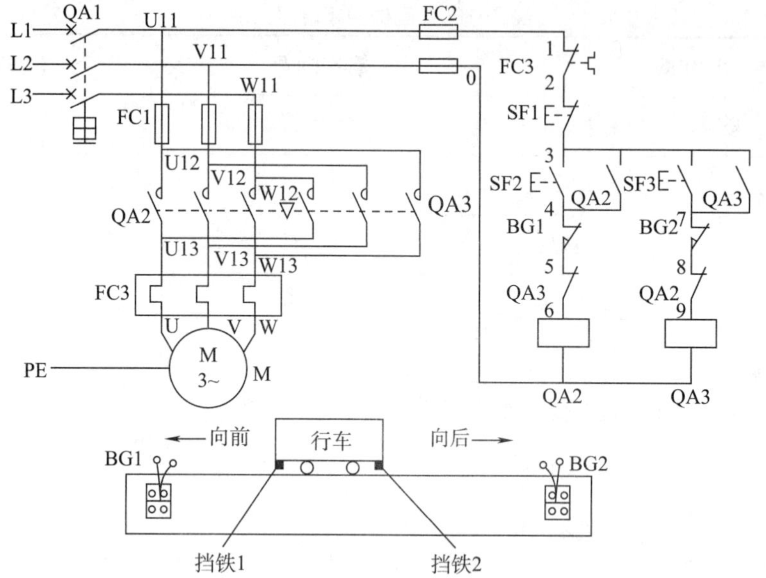

图 3-1-5 判断电路故障

写出测量流程：

3）根据故障点的不同情况，采取正确的修复方法迅速排除故障。

4）排除故障后通电试运行。

（2）分析并排除实训电路的故障，在表 3-1-7 中做好记录。

表 3-1-7 实训电路的故障现象、检查方法、故障原因及处理方法

故障现象	检查方法	故障原因	处理方法
挡铁碰到 BG1 后电动机不能停止			

续表

故障现象	检查方法	故障原因	处理方法
挡铁碰到 BG1 后电动机停止，按下按钮 SF3 电动机启动；挡铁碰到 BG2 后电动机停止，再按下按钮 SF2 电动机不启动			

五、检查与验收

1. 自检和互检

在表 3-1-8 中记录自检和互检情况。

表 3-1-8　自检和互检情况记录

检查项目	自检情况	互检情况
接线是否准确		
接线是否符合工艺要求		
电动机运行状态是否正常		

2. 验收

在表 3-1-9 中记录电路验收过程中的问题。

表 3-1-9　验收过程中的问题记录

存在问题	整改措施	完成时间

学习活动 3　评价与总结

学习目标

1. 能展示作业成果，回顾并总结各环节的关键技术。
2. 能完成本任务的综合评价。
3. 能对本任务进行归纳和总结。
4. 能复习并巩固整个任务的知识和技能要点。

建议学时：2 学时。

学习过程

一、展示与回顾

1. 成果展示

以小组为单位，选择实物、演示文稿、展板、海报、视频等形式中的一种或几种，向全班同学汇报学习过程，展示学习成果。

2. 过程回顾

各小组回顾每个学习活动的进展过程、现存问题、改进措施和验收交付等情况，提炼各个活动环节的关键技术。

二、综合评价

针对本任务的学习情况，根据表 3-1-10 所列综合评价标准进行评分。

表 3-1-10　综合评价

评价项目	评价内容及标准	配分/分	评分		
			自我评价（占比 30%）	小组评价（占比 30%）	教师评价（占比 40%）
工作组织和管理	团队合作，合理计划，高效管理时间	5			
	定期检查工作进展和成果	5			
沟通能力	与客户交流，完全理解其要求	10			

续表

评价项目	评价内容及标准	配分/分	评分		
			自我评价（占比30%）	小组评价（占比30%）	教师评价（占比40%）
计划能力	定期检查工作，将问题最小化	5			
	提出可行性建议，提高客户满意度	10			
安装能力	根据要求设计图样，正确选用元器件	10			
	按照相关技术标准完成电路的安装	20			
检修能力	使用、测试、校准测量设备	10			
	修复检查与验收中发现的问题	25			
学生姓名		综合评价得分			
指导教师		日期			

三、归纳和总结

回顾本任务的学习过程，从电路工作原理的分析，元器件布置图和接线图的绘制，工具、仪表和器材的准备，电路安装、检测和通电试运行及故障检修等方面进行归纳，对学习过程中出现的问题进行反思与总结，优化方案和策略。

四、复习巩固

1. 填空题

（1）在生产过程中，若要限制生产机械运动部件的行程、位置或使其运动部件在一定范围内自动往返循环，应在需要的位置安装__________。

（2）位置控制又称__________或__________，是利用生产机械运动部件上的______与__________碰撞，使其______动作来______或______电路，以实现对生产机械运动部件的位置或行程的自动控制。

（3）工厂车间里的行车常采用______控制电路，行车的两头终点处各安装一个__________，其__________分别串接在正、反转控制电路中。移动行程开关的安装位置可调节行车的______和______。

（4）实现位置控制要求所依靠的主要电器是__________。

2. 选择题

（1）生产机械的位置控制是利用生产机械运动部件上的挡铁与（　　）的相互作用而实现的。

A. 位置开关　　B. 挡位开关　　C. 转换开关　　D. 联锁按钮

（2）下列型号中属于主令电器的是（　　）。

A. CJ10-40/3　　B. RL1-15/2

C. JLXK1-211　　D. DZ10-100/330

（3）行程开关是一种将（　　）转换为电信号的自动控制电器。

A. 机械信号　　B. 弱电信号　　C. 光信号　　D. 热能信号

3. 判断题

（1）行程开关是一种将机械信号转换为电信号，以控制运动部件的位置和行程的自动电器。（　　）

（2）限位开关主要用于电源的引入。（　　）

任务 2　自动往返控制电路的安装与检修

学习目标

1. 能正确分析自动往返控制电路的工作原理。
2. 能按照工艺要求，正确安装自动往返控制电路。
3. 能对自动往返控制电路的故障进行分析与检修。
4. 能自觉遵守 6S 规范，填写验收记录，清理场地，归置物品。

建议学时：8 学时。

工作情境描述

某企业的 B2012A 型刨床工作台在运行过程中出现电气控制电路故障，学院组织相关专业学生对该设备按照一定的工艺进行大修，要求在 2 天内完成该刨床工作台控制电路检修、元器件更换和重新安装接线，并对检修后的刨床工作台进行试运行，将检验合格的刨床工作台交付验收。

工作流程与活动

学习活动 1　明确工作任务，进行施工前准备

学习活动 2　现场施工

学习活动 3　评价与总结

学习活动 1　明确工作任务，进行施工前准备

学习目标

1. 能通过阅读工作任务联系单，明确任务内容及要求等信息。
2. 能分析自动往返控制电路的工作原理。
3. 能按照任务要求，通过查找相关资料，确定更换元器件的型号、规格和数量。
4. 能按照任务要求，制定工作实施方案。
5. 能按照任务要求，做好相关安全防护措施。

建议学时：2 学时。

学习过程

一、阅读工作任务联系单

根据工作情境描述，阅读表 3-2-1 所示工作任务联系单，熟知本次任务的内容及要求等信息。

表 3-2-1　工作任务联系单

检修项目	B2012A 型刨床工作台故障
任务内容	B2012A 型刨床工作台控制电路为三相异步电动机自动往返控制电路，考虑刨床工作台的使用状况和其控制电路特点，决定完成以下检修内容： 1. 更换 B2012A 型刨床工作台控制电路中损坏和不符合要求的低压元器件，重新固定元器件并安装电路。 2. 按照设备大修工艺要求，对电路重新布线。 3. 对大修后的电路进行检测和通电试运行
工艺要求	

续表

检修项目	B2012A 型刨床工作台故障				
安全措施					
委托单位		责任人		承接时间	
		联系电话			
承接单位		责任人		完工时间	
		联系电话			
验收意见				验收人	

二、认识自动往返控制电路

通过观看 B2012A 型刨床工作台的工作过程，了解自动往返控制电路。

1. 简述图 3-2-1 所示工作台自动往返控制电路的工作原理。

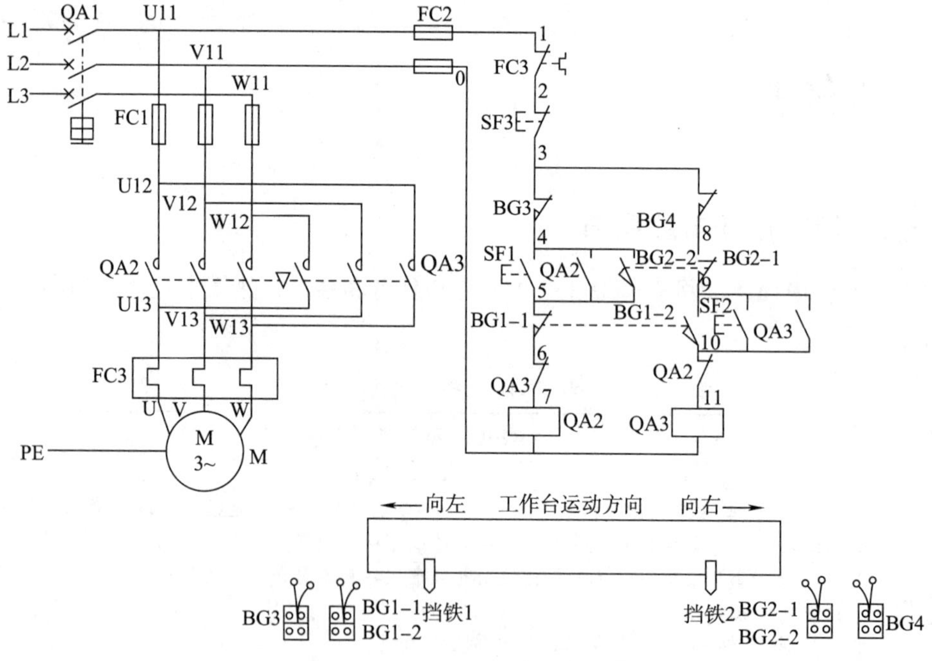

图 3-2-1　工作台自动往返控制电路

2. 根据图 3-2-1 所示电路，绘制工作台自动往返控制电路的元器件布置图和接线图。

三、制定工作实施方案

通过工作实施方案的制定，明确任务分工和基本工序流程。

自动往返控制电路的安装与检修
工作实施方案

1. 施工流程

自动往返控制电路的安装与检修需要经历三个阶段：准备、安装、检查与测试。

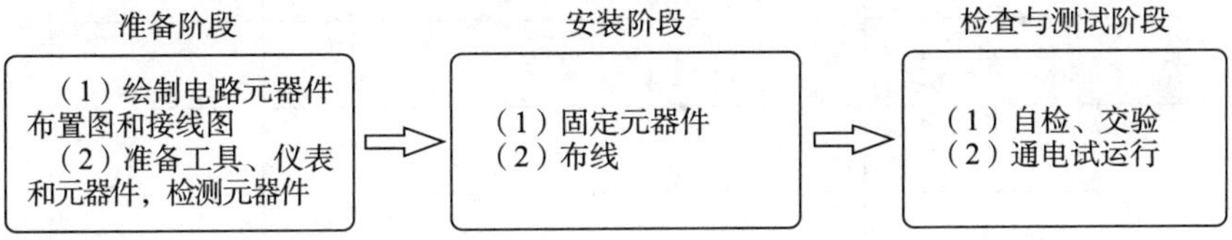

2. 人员分工

（1）小组负责人：__________

（2）小组成员及分工

姓名	分工

3. 工具、材料清单

类别	项目内容					备注
工具						
仪表						
元器件与器材	代号	名称	型号	规格	数量	

4. 工序及工期安排

序号	工作内容	完成时间	备注

学习活动 2　现场施工

学习目标

1. 能按照要求，在控制板上安装低压电气元件。
2. 能按照工艺要求，完成自动往返控制电路的布线。
3. 能检测自动往返控制电路并通电试运行。
4. 能对自动往返控制电路的故障进行分析与检修。
5. 能通过检查与验收查找电路存在的问题，及时改进。
6. 能自觉遵守 6S 规范，清理场地，归置物品。

建议学时：4 学时。

学习过程

一、根据元器件布置图安装低压电气元件

安装前先检查所有电气元件，确保所有电气元件的功能正常。注意电气元件的安装位置必须与元器件布置图一致。

二、按照接线图实施自动往返控制电路布线

将电路布线过程记录在表 3-2-2 中。

表 3-2-2　电路布线过程记录

线号	两端的元器件代号	连接状态

三、自检、交验和通电试运行

1. 自检和交验

将自检操作过程记录在表 3-2-3 中。若自检无误，待教师签字后，电路可以通电试运行。

表 3-2-3　自检操作过程记录

<table>
<tr><th colspan="3">检测步骤</th><th>存在问题</th><th>解决方法</th></tr>
<tr><td colspan="3">对照接线图，检查各端子线号</td><td></td><td></td></tr>
<tr><td rowspan="7">用万用表检查电路的通断情况</td><td colspan="2">检查主电路</td><td></td><td></td></tr>
<tr><td rowspan="6">检查控制电路</td><td>检查启动控制</td><td></td><td></td></tr>
<tr><td>扳动 BG1、BG2 滚轮检查往返电路</td><td></td><td></td></tr>
<tr><td>扳动 BG3、BG4 滚轮检查电路通断</td><td></td><td></td></tr>
<tr><td>检查接触器联锁</td><td></td><td></td></tr>
<tr><td>检查停机控制</td><td></td><td></td></tr>
<tr><td>检查过载保护环节</td><td></td><td></td></tr>
<tr><td colspan="3">用兆欧表检查电路的绝缘电阻</td><td></td><td></td></tr>
</table>

自检和交验人：　　　　　　　　　　　　　　　　　　　　复核教师：

2. 通电试运行

通电前要进行电路安全检查，并在表 3-2-4 中做好通电试运行过程记录。

表 3-2-4　通电试运行过程记录

通电试运行步骤	通电试运行现象	是否存在问题	解决方法

四、检修自动往返控制电路

1. 熟悉任务流程

参照教材中的任务流程图，熟悉本任务的主要工作步骤。

2. 判断故障并排除

（1）常见故障举例

故障现象：工作台左右运动不往返。

1）找出故障范围：根据故障现象分析出故障范围，在图 3-2-2 中标出故障范围。

2）排查故障点：用测量法（电压法）准确而迅速地找出故障点。注意：测量时将万用表置于交流电压 500 V 挡，合上 QA1。

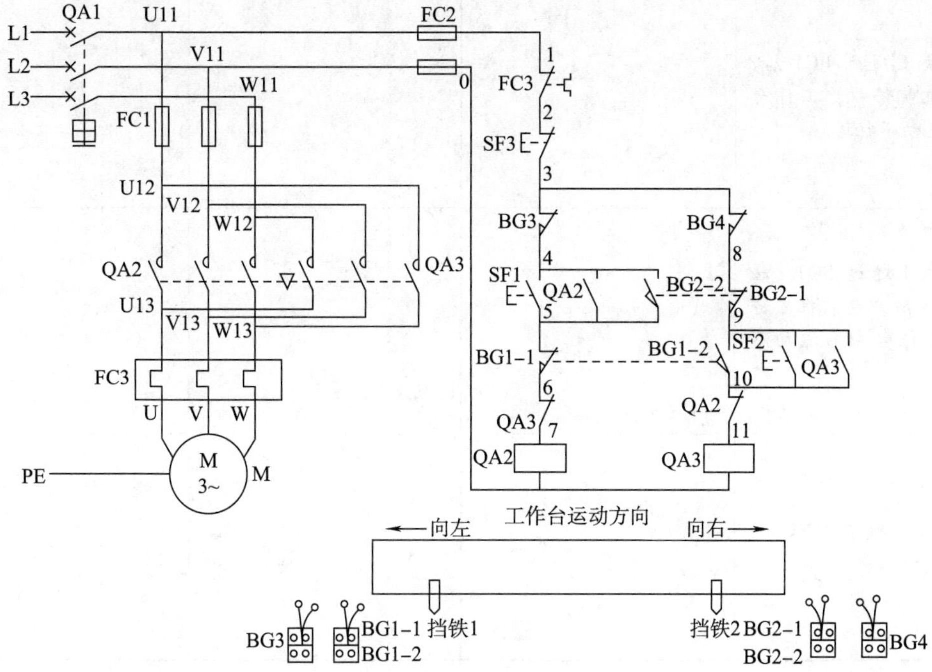

图 3-2-2　判断电路故障

写出测量流程：

3）根据故障点的不同情况，采取正确的修复方法迅速排除故障。

4）排除故障后通电试运行。

（2）分析并排除实训电路故障，在表 3-2-5 中做好记录。

表 3-2-5　实训电路的故障现象、检查方法、故障原因及处理方法

故障现象	检查方法	故障原因	处理方法
挡铁 1 碰到 BG1 后，电动机就停机，工作台左右运动不往返			
挡铁 1 越过 BG1，碰到 BG3 后，电动机才停机，工作台左右运动不往返			
工作台刚开始返回，电动机就停机			

五、检查与验收

1. 自检和互检

在表 3-2-6 中记录自检和互检情况。

表 3-2-6　自检和互检情况记录

检查项目	自检情况	互检情况
接线是否准确		
接线是否符合工艺要求		
电动机运行状态是否正常		

2. 验收

在表 3-2-7 中记录电路验收过程中的问题。

表 3-2-7　验收过程中的问题记录

存在问题	整改措施	完成时间

学习活动 3　评价与总结

学习目标

1. 能展示作业成果，回顾并总结各环节的关键技术。
2. 能完成本任务的综合评价。
3. 能对本任务进行归纳和总结。
4. 能复习并巩固整个任务的知识和技能要点。

建议学时：2 学时。

学习过程

一、展示与回顾

1. 成果展示

以小组为单位，选择实物、演示文稿、展板、海报、视频等形式中的一种或几种，向全班同学汇报学习过程，展示学习成果。

2. 过程回顾

各小组回顾每个学习活动的进展过程、现存问题、改进措施和验收交付等情况，提炼各个活动环节的关键技术。

二、综合评价

针对本任务的学习情况，根据表 3-2-8 所列综合评价标准进行评分。

表 3-2-8　综合评价

评价项目	评价内容及标准	配分/分	评分		
			自我评价（占比 30%）	小组评价（占比 30%）	教师评价（占比 40%）
工作组织和管理	团队合作，合理计划，高效管理时间	5			
	定期检查工作进展和成果	5			
沟通能力	与客户交流，完全理解其要求	10			

续表

评价项目	评价内容及标准	配分/分	评分		
			自我评价（占比30%）	小组评价（占比30%）	教师评价（占比40%）
计划能力	定期检查工作，将问题最小化	5			
	提出可行性建议，提高客户满意度	10			
安装能力	根据要求设计图样，正确选用元器件	10			
	按照相关技术标准完成电路的安装	20			
检修能力	使用、测试、校准测量设备	10			
	修复检查与验收中发现的问题	25			
学生姓名		综合评价得分			
指导教师		日期			

三、归纳和总结

回顾本任务的学习过程，从电路工作原理的分析，元器件布置图和接线图的绘制，工具、仪表和器材的准备，电路安装、检测和通电试运行及故障检修等方面进行归纳，对学习过程中出现的问题进行反思与总结，优化方案和策略。

四、复习巩固

1. 填空题

（1）生产机械的运动部件在一定的行程内能自动往返运动，就必须依靠__________对电动机实现__________正反转控制。

（2）在控制板上安装走线槽时，应做到__________、排列__________、安装______和便于______等。

（3）板前线槽配线时，如果导线的截面积等于或大于 0.5 mm²，必须采用______；如果导线的截面积小于 0.5 mm² 且用于不移动又无振动的场合，可以采用______。

（4）布线时，严禁损伤导线______________和______________。

（5）从各电气元件水平中心线以上接线端子引出的导线，必须进入电气元件____面的走线槽；从各电气元件水平中心线以下接线端子引出的导线，必须进入电气元件____面的走线槽。任何导线都不允许从______方向进入走线槽内。

（6）进入走线槽内的导线要完全置于________内，并应尽可能避免______，装入走线槽内的导线不要超过其容量的______，以便于盖上线槽盖和以后的装配及维修。

（7）在任何情况下，接线端子都必须与导线________和__________相适应。

2. 选择题

（1）自动往返控制电路需要对电动机实现自动转换的（　　）控制才能达到要求。

A. 自锁　　B. 点动　　C. 联锁　　D. 正反转

（2）完成工作台自动往返行程控制要求的主要元器件是（　　）。

A. 行程开关　　B. 接触器　　C. 按钮　　D. 组合开关

3. 问答题

简述自动往返控制电路中四个行程开关的作用。

课题四
三相异步电动机顺序控制和多地控制电路的安装与检修

任务1　三相异步电动机顺序控制电路的安装与检修

学习目标

1. 能正确分析顺序启动逆序停止控制电路的工作原理。
2. 能按照工艺要求，正确地安装三相异步电动机顺序控制电路。
3. 能对三相异步电动机顺序控制电路的故障进行分析与检修。
4. 能自觉遵守6S规范，填写验收记录，清理场地，归置物品。

建议学时：8学时。

工作情境描述

某企业的X62W型万能铣床的主轴电动机和冷却泵电动机顺序运行时出现故障，学院组织相关专业学生对其控制电路按照一定的工艺进行大修，要求在2天内完成该万能铣床的主轴电动机和冷却泵电动机顺序控制电路检修、元器件更换和重新安装接线，并对检修后的万能铣床进行试运行，将检验合格的万能铣床交付验收。

工作流程与活动

学习活动 1 明确工作任务，进行施工前准备
学习活动 2 现场施工
学习活动 3 评价与总结

学习活动 1 明确工作任务，进行施工前准备

学习目标

1. 能通过阅读工作任务联系单，明确任务内容及要求等信息。
2. 能分析顺序启动逆序停止控制电路的工作原理。
3. 能按照任务要求，通过查找相关资料，确定更换的元器件型号、规格和数量。
4. 能按照任务要求，制定工作实施方案。
5. 能按照任务要求，做好相关安全防护措施。

建议学时：2 学时。

学习过程

一、阅读工作任务联系单

根据工作情境描述，阅读表 4-1-1 所示工作任务联系单，熟知本次任务的内容及要求等信息。

表 4-1-1　工作任务联系单

<table>
<tr><td>检修项目</td><td colspan="5">X62W 型万能铣床主轴电动机和冷却泵电动机故障</td></tr>
<tr><td>任务内容</td><td colspan="5">X62W 型万能铣床主轴电动机和冷却泵电动机电路为顺序控制电路，考虑万能铣床的使用状况和其控制电路特点，决定完成以下检修内容：
1. 更换 X62W 型万能铣床主轴电动机和冷却泵电动机顺序控制电路中损坏和不符合要求的低压元器件，重新固定元器件并安装电路。
2. 按照设备大修工艺要求，对电路重新布线。
3. 对大修后的电路进行检测和通电试运行</td></tr>
<tr><td>工艺要求</td><td colspan="5"></td></tr>
<tr><td>安全措施</td><td colspan="5"></td></tr>
<tr><td rowspan="2">委托单位</td><td rowspan="2"></td><td>责任人</td><td></td><td rowspan="2">承接时间</td><td rowspan="2"></td></tr>
<tr><td>联系电话</td><td></td></tr>
<tr><td rowspan="2">承接单位</td><td rowspan="2"></td><td>责任人</td><td></td><td rowspan="2">完工时间</td><td rowspan="2"></td></tr>
<tr><td>联系电话</td><td></td></tr>
<tr><td>验收意见</td><td colspan="3"></td><td>验收人</td><td></td></tr>
</table>

二、认识顺序控制电路

通过观看 X62W 型万能铣床主轴电动机和冷却泵电动机的工作过程，了解顺序控制电路。

1. 简述图 4-1-1 和图 4-1-2 所示两种通过主电路设计实现顺序控制电路的工作原理。

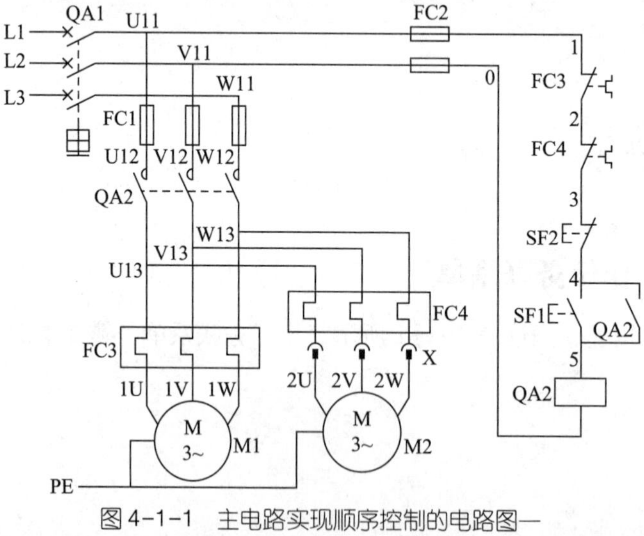

图 4-1-1　主电路实现顺序控制的电路图一

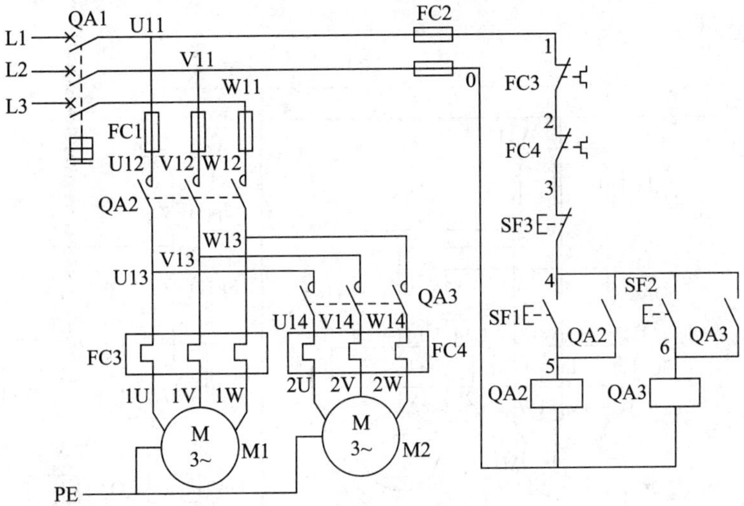

图 4-1-2 主电路实现顺序控制的电路图二

2. 简述图 4-1-3 所示三种通过控制电路设计实现顺序控制电路的工作原理。

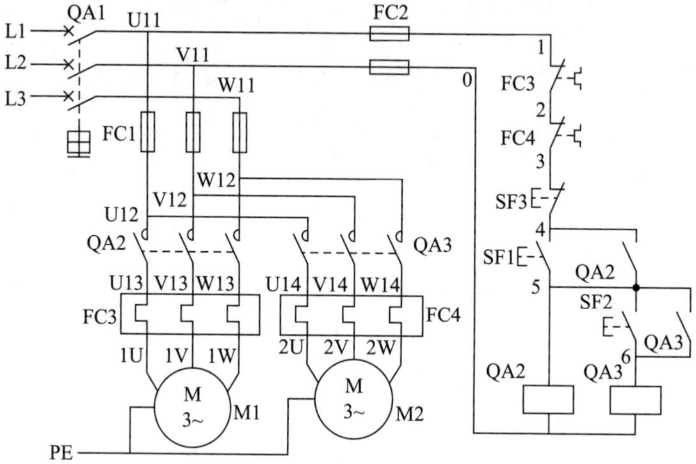

a）

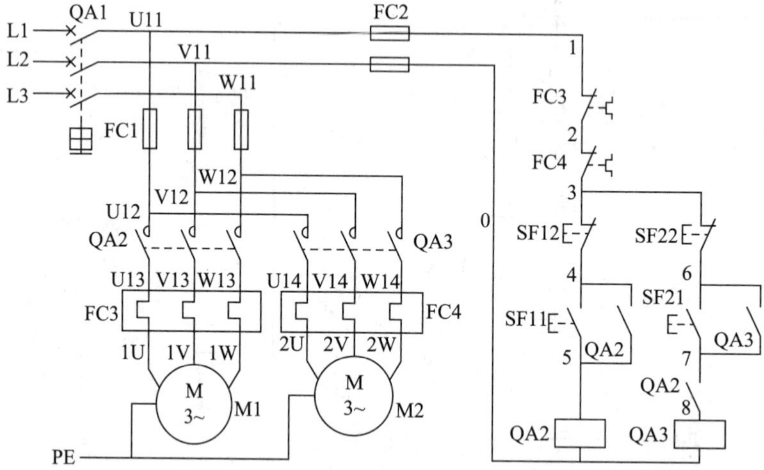

b）

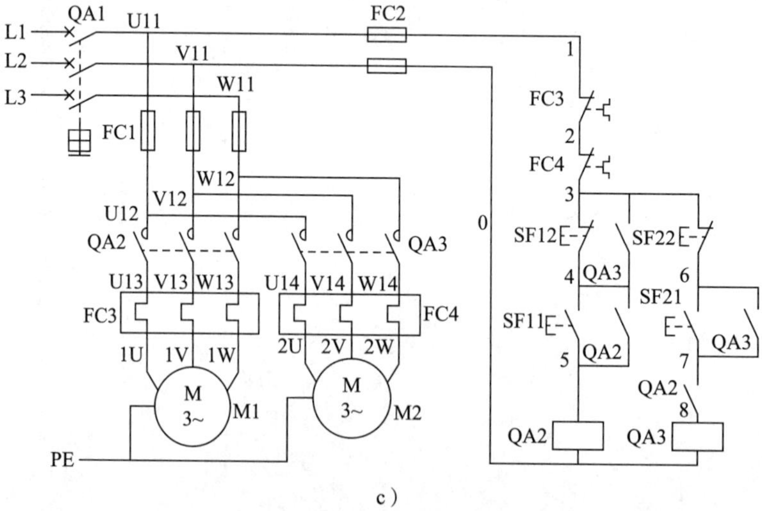

c）

图 4-1-3　控制电路实现顺序控制的电路图

三、制定工作实施方案

通过工作实施方案的制定，明确任务分工和基本工序流程。

三相异步电动机顺序控制电路的安装与检修
工作实施方案

1. 施工流程

三相异步电动机顺序控制电路的安装与检修需要经历三个阶段：准备、安装、检查与测试。

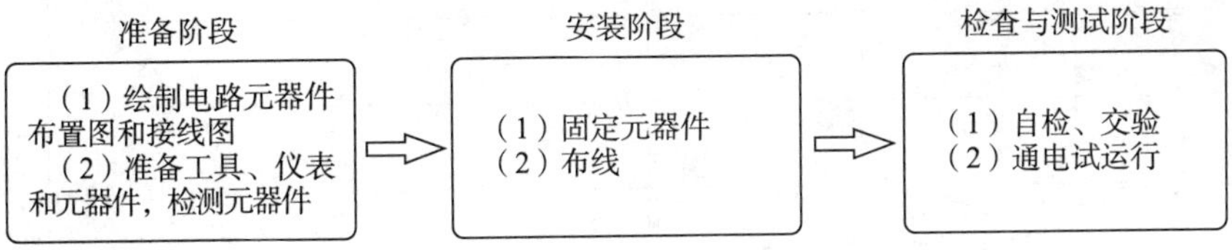

2. 人员分工

（1）小组负责人：__________

（2）小组成员及分工

姓名	分工

3. 工具、材料清单

类别	项目内容					备注
工具						
仪表						
元器件与器材	代号	名称	型号	规格	数量	

4. 工序及工期安排

序号	工作内容	完成时间	备注

学习活动2 现场施工

学习目标

1. 能按照要求，在控制板上安装低压电气元件。
2. 能按照工艺要求，完成顺序启动逆序停止控制电路的布线。
3. 能检测顺序启动逆序停止控制电路并通电试运行。
4. 能对顺序启动逆序停止控制电路的故障进行分析与检修。
5. 能通过检查与验收查找电路存在的问题，及时改进。
6. 能自觉遵守6S规范，清理场地，归置物品。

建议学时：4学时。

学习过程

一、根据元器件布置图安装低压电气元件

安装前先检查所有电气元件，确保所有电气元件的功能正常。注意电气元件的安装位置必须与元器件布置图一致。

二、按照接线图实施顺序启动逆序停止控制电路布线

1. 安装接线

采用板前线槽接线，将电路布线过程记录在表4-1-2中。

表4-1-2 电路布线过程记录

线号	两端的元器件代号	连接状态

2. 布线情况

图4-1-4所示为顺序启动逆序停止控制电路的布线。

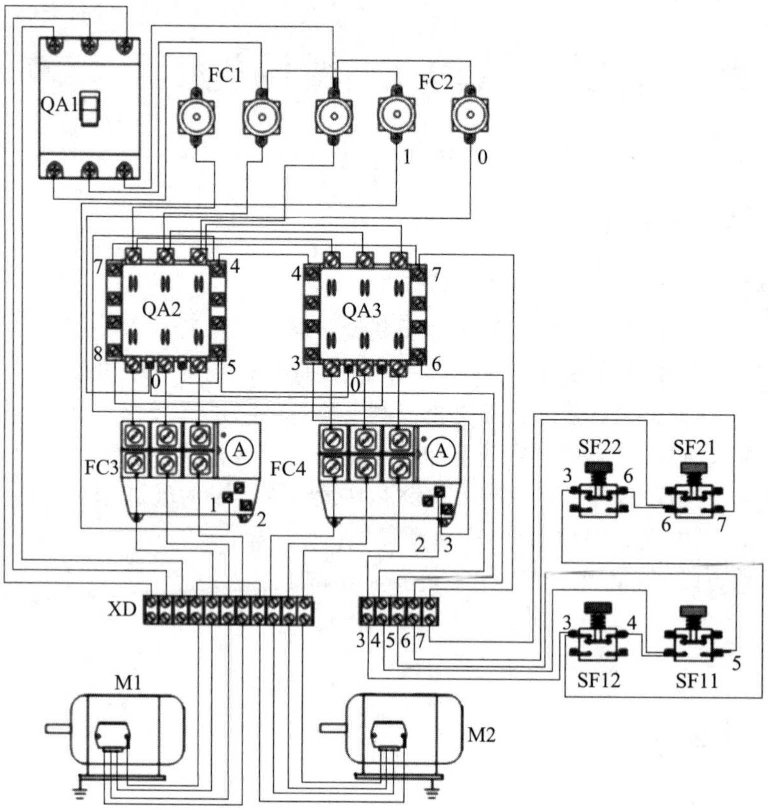

图 4-1-4　顺序启动逆序停止控制电路的布线

三、自检、交验和通电试运行

1. 自检和交验

将自检操作过程记录在表 4-1-3 中。若自检无误，待教师签字后，电路可以通电试运行。

表 4-1-3　自检操作过程记录

<table>
<tr><th colspan="3">检测步骤</th><th>存在问题</th><th>解决方法</th></tr>
<tr><td colspan="3">对照接线图，检查各端子线号</td><td></td><td></td></tr>
<tr><td rowspan="4">用万用表检查电路的通断情况</td><td colspan="2">检查主电路</td><td></td><td></td></tr>
<tr><td rowspan="3">检查控制电路</td><td>检查 M1 启动和停止控制</td><td></td><td></td></tr>
<tr><td>检查 M2 启动和停止控制</td><td></td><td></td></tr>
<tr><td>检查逆序停止</td><td></td><td></td></tr>
<tr><td colspan="3">用兆欧表检查电路的绝缘电阻</td><td></td><td></td></tr>
</table>

自检和交验人：　　　　　　　　　　　　　　　　　　　　　复核教师：

2. 通电试运行

通电前要进行电路安全检查，并在表 4-1-4 中做好通电试运行过程记录。

表 4-1-4　通电试运行过程记录

通电试运行步骤	通电试运行现象	是否存在问题	解决方法

四、检修三相异步电动机顺序控制电路

1. 熟悉任务流程

参照教材中的任务流程图，熟悉本任务的主要工作步骤。

2. 判断故障并排除

（1）常见故障举例

故障现象：M1 启动后，M2 不能启动。

1）找出故障范围：根据故障现象分析出故障范围，在图 4-1-5 中标出故障范围。

2）排查故障点：用测量法（电压法）准确而迅速地找出故障点。注意：测量时将万用表置于交流电压 500 V 挡，合上 QA1。

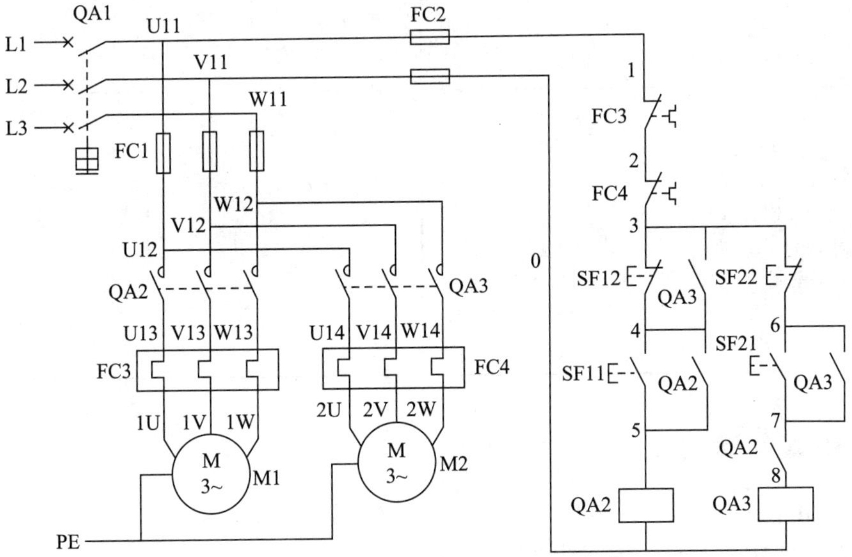

图 4-1-5　判断电路故障

写出测量流程：

3）根据故障点的不同情况，采取正确的修复方法迅速排除故障。

4）排除故障后通电试运行。

（2）分析并排除实训电路故障，在表 4-1-5 中做好记录。

表 4-1-5　实训电路的故障现象、检查方法、故障原因及处理方法

故障现象	检查方法	故障原因	处理方法
在 M1 顺利启动后，M2 不能启动			
在 M1 没有启动的情况下，按下 SF21，M2 启动			
在 M1 和 M2 两台电动机启动后，按下 SF12，两台电动机同时停止，即没有逆序停止控制			

五、检查与验收

1. 自检和互检

在表 4-1-6 中记录自检和互检情况。

表 4-1-6　自检和互检情况记录

检查项目	自检情况	互检情况
接线是否准确		
接线是否符合工艺要求		
电动机运行状态是否正常		

2. 验收

在表 4-1-7 中记录电路验收过程中的问题。

表 4-1-7　验收过程中的问题记录

存在问题	整改措施	完成时间

学习活动 3　评价与总结

学习目标

1. 能展示作业成果，回顾并总结各环节的关键技术。
2. 能完成本任务的综合评价。
3. 能对本任务进行归纳和总结。
4. 能复习并巩固整个任务的知识和技能要点。

建议学时：2 学时。

学习过程

一、展示与回顾

1. 成果展示

以小组为单位，选择实物、演示文稿、展板、海报、视频等形式中的一种或几种，向全班同学汇报学习过程，展示学习成果。

2. 过程回顾

各小组回顾每个学习活动的进展过程、现存问题、改进措施和验收交付等情况，提炼各个活动环节的关键技术。

二、综合评价

针对本任务的学习情况，根据表 4-1-8 所列综合评价标准进行评分。

表 4-1-8　综合评价

评价项目	评价内容及标准	配分/分	评分		
			自我评价（占比30%）	小组评价（占比30%）	教师评价（占比40%）
工作组织和管理	团队合作，合理计划，高效管理时间	5			
	定期检查工作进展和成果	5			
沟通能力	与客户交流，完全理解其要求	10			
计划能力	定期检查工作，将问题最小化	5			
	提出可行性建议，提高客户满意度	10			
安装能力	根据要求设计图样，正确选用元器件	10			
	按照相关技术标准完成电路的安装	20			
检修能力	使用、测试、校准测量设备	10			
	修复检查与验收中发现的问题	25			
学生姓名		综合评价得分			
指导教师		日期			

三、归纳和总结

回顾本任务的学习过程，从电路工作原理的分析，元器件布置图和接线图的绘制，工具、仪表和器材的准备，电路安装、检测和通电试运行及故障检修等方面进行归纳，对学习过程中出现的问题进行反思与总结，优化方案和策略。

四、复习巩固

1. 填空题

（1）电动机的启动或停止必须按一定的__________来完成的控制方式，称为电动机的顺序控制。

（2）主电路实现电动机顺序控制的特点是后启动电动机的主电路必须接在先启动电动机接触器________的下方。

（3）控制电路实现电动机顺序控制的特点是后启动电动机的控制电路必须______在先启动电动机接触器的自锁触头之后，并与其接触器线圈______；或者在后启动电动机的控制电路中串接先启动电动机接触器的______________。

（4）实现顺序控制的方法主要有两大类，一类是通过__________的控制来实现，另一类是通过__________来实现。

（5）在机床中用于连接电动机的插接器又称为________。

2. 选择题

（1）电动机的启动或停止必须按一定的先后顺序来完成的控制方式，称为电动机的（　　）。

A. 顺序控制　　B. 异地控制　　C. 多地控制　　D. 自锁控制

（2）顺序控制可通过（　　）来实现。

A. 主电路　　B. 控制电路

C. 保护电路　　D. 主电路和控制电路

（3）两台电动机 M1 与 M2 为顺序启动逆序停止，当停止时，（　　）。

A. M1 先停，M2 后停　　B. M2 先停，M1 后停

C. M1 与 M2 同时停　　D. M1 停，M2 不停

（4）在 M1 没有启动的情况下，按下第二台电动机的启动按钮，M2 启动，可能的故障是（　　）。

A. QA2 自锁回路故障　　B. QA3 回路中的 QA2 常开触头短接

C. 停止按钮故障　　D. 启动按钮故障

3. 问答题

为什么顺序启动的两台电动机的热继电器常闭触头必须串接在控制电路的公共电路中？

任务 2　三相异步电动机多地控制电路的安装与检修

学习目标

1. 能正确分析三相异步电动机多地控制电路的工作原理。
2. 能按照工艺要求，正确地安装三相异步电动机多地控制电路。
3. 能对三相异步电动机多地控制电路的故障进行分析与检修。
4. 能自觉遵守 6S 规范，填写验收记录，清理场地，归置物品。

建议学时：8 学时。

工作情境描述

某企业的 X62W 型万能铣床主轴电动机出现故障，学院组织相关专业学生对该设备按照一定的工艺进行大修，要求在 2 天内完成万能铣床主轴电动机电路检修、元器件更换和重新安装接线，并对检修后的万能铣床进行试运行，将检验合格的万能铣床交付验收。

工作流程与活动

学习活动 1　明确工作任务，进行施工前准备
学习活动 2　现场施工
学习活动 3　评价与总结

学习活动 1　明确工作任务，进行施工前准备

学习目标

1. 能通过阅读工作任务联系单，明确任务内容及要求等信息。
2. 能分析三相异步电动机多地控制电路的工作原理。
3. 能按照任务要求，通过查找相关资料，确定更换元器件的型号、规格和数量。
4. 能按照任务要求，制定工作实施方案。
5. 能按照任务要求，做好相关安全防护措施。

建议学时：2 学时。

学习过程

一、阅读工作任务联系单

根据工作情境描述，阅读表 4-2-1 所示工作任务联系单，熟知本次任务的内容及要求

等信息。

表 4-2-1　工作任务联系单

<table>
<tr><td>检修项目</td><td colspan="5">X62W 型万能铣床主轴电动机故障</td></tr>
<tr><td>任务内容</td><td colspan="5">X62W 型万能铣床主轴电动机电路为三相异步电动机多地控制电路，考虑设备使用状况和其控制电路特点，决定完成以下检修内容：
1. 更换 X62W 型万能铣床主轴电动机电路中损坏和不符合要求的低压元器件，重新固定元器件并安装电路。
2. 按照设备大修工艺要求，对电路重新布线。
3. 对大修后的电路进行检测和通电试运行</td></tr>
<tr><td>工艺要求</td><td colspan="5"></td></tr>
<tr><td>安全措施</td><td colspan="5"></td></tr>
<tr><td rowspan="2">委托单位</td><td rowspan="2"></td><td>责任人</td><td></td><td rowspan="2">承接时间</td><td rowspan="2"></td></tr>
<tr><td>联系电话</td><td></td></tr>
<tr><td rowspan="2">承接单位</td><td rowspan="2"></td><td>责任人</td><td></td><td rowspan="2">完工时间</td><td rowspan="2"></td></tr>
<tr><td>联系电话</td><td></td></tr>
<tr><td>验收意见</td><td colspan="3"></td><td>验收人</td><td></td></tr>
</table>

二、认识三相异步电动机多地控制电路

通过观看 X62W 型万能铣床的工作过程，了解三相异步电动机多地控制电路。

1. 简述图 4-2-1 所示两地控制的具有过载保护接触器自锁正转控制电路的工作原理。

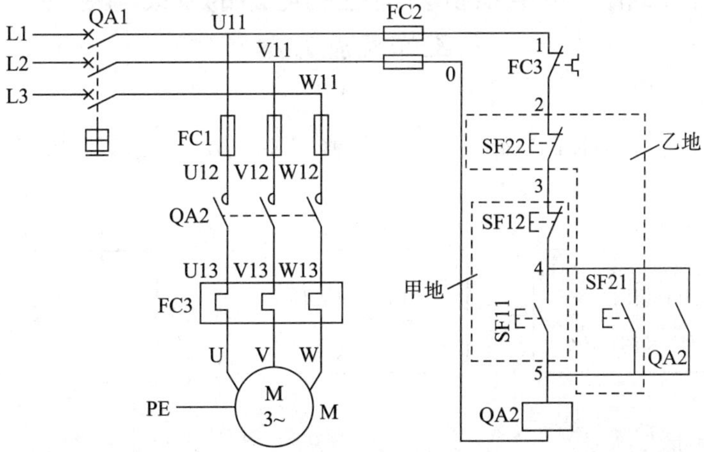

图 4-2-1　两地控制的具有过载保护接触器自锁正转控制电路

2. 根据图 4-2-1 所示电路，绘制两地控制的具有过载保护接触器自锁正转控制电路的元器件布置图和接线图。

三、制定工作实施方案

通过工作实施方案的制定，明确任务分工和基本工序流程。

三相异步电动机多地控制电路的安装与检修
工作实施方案

1. 施工流程

三相异步电动机多地控制电路的安装与检修需要经历三个阶段：准备、安装、检查与测试。

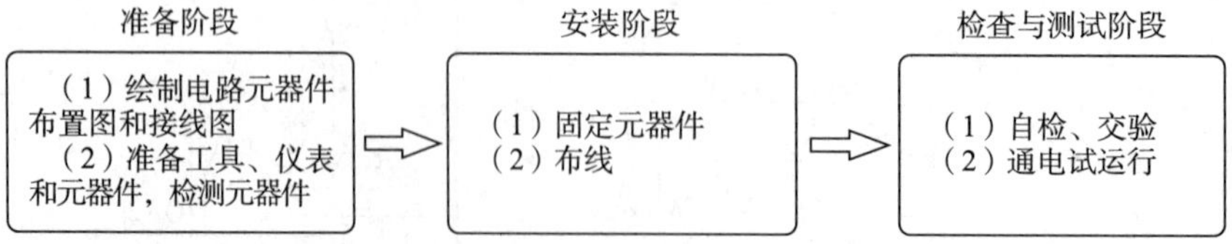

2. 人员分工

（1）小组负责人：__________

（2）小组成员及分工

姓名	分工

3. 工具、材料清单

类别	项目内容					备注
工具						
仪表						
元器件与器材	代号	名称	型号	规格	数量	

4. 工序及工期安排

序号	工作内容	完成时间	备注

学习活动 2　现场施工

学习目标

1. 能按照要求，在控制板上安装低压电气元件。
2. 能按照工艺要求，完成两地控制的具有过载保护接触器自锁正转控制电路的布线。
3. 能检测两地控制的具有过载保护接触器自锁正转控制电路并通电试运行。
4. 能对两地控制的具有过载保护接触器自锁正转控制电路的故障进行分析与检修。
5. 能通过检查与验收查找电路存在的问题，及时改进。
6. 能自觉遵守 6S 规范，清理场地，归置物品。

建议学时：4 学时。

学习过程

一、根据元器件布置图安装低压电气元件

安装前先检查所有电气元件，确保所有电气元件的功能正常。注意电气元件的安装位置必须与元器件布置图一致。

二、按照接线图实施两地控制的具有过载保护接触器自锁正转控制电路的布线

1. 安装接线

采用板前线槽接线，将电路布线过程记录在表 4-2-2 中。

表 4-2-2　电路布线过程记录

线号	两端的元器件代号	连接状态

2. 布线情况

图 4-2-2 所示为两地控制的具有过载保护接触器自锁正转控制电路布线情况。

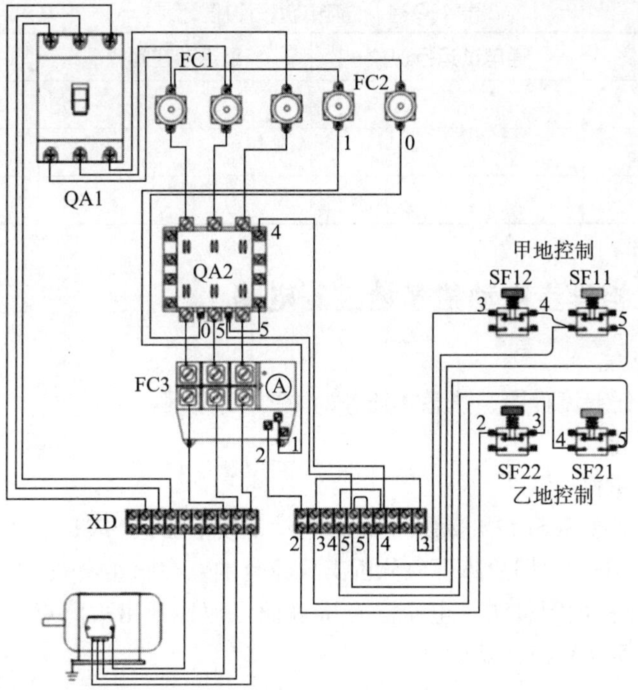

图 4-2-2　两地控制的具有过载保护接触器自锁正转控制电路布线情况

三、自检、交验和通电试运行

1. 自检和交验

将自检操作过程记录在表 4-2-3 中。若自检无误，待教师签字后，电路可以通电试运行。

表 4-2-3　自检操作过程记录

<table>
<tr><th colspan="3">检测步骤</th><th>存在问题</th><th>解决方法</th></tr>
<tr><td colspan="3">对照接线图，检查各端子线号</td><td></td><td></td></tr>
<tr><td rowspan="3">用万用表检查电路的通断情况</td><td colspan="2">检查主电路</td><td></td><td></td></tr>
<tr><td rowspan="2">检查控制电路</td><td>检查甲地启动/停止控制</td><td></td><td></td></tr>
<tr><td>检查乙地启动/停止控制</td><td></td><td></td></tr>
<tr><td colspan="3">用兆欧表检查电路的绝缘电阻</td><td></td><td></td></tr>
</table>

自检和交验人：　　　　　　　　　　　　　　　　　　　　复核教师：

2. 通电试运行

通电前要进行电路安全检查，并在表 4-2-4 中做好通电试运行过程记录。

表 4-2-4　通电试运行过程记录

通电试运行步骤	通电试运行现象	是否存在问题	解决方法

四、检修三相异步电动机多地控制电路

1. 熟悉任务流程

参照教材中的任务流程图，熟悉本任务的主要工作步骤。

2. 判断故障并排除

（1）常见故障举例

故障现象：按下按钮 SF11 电动机能正常启动，按下按钮 SF21 电动机不能正常启动。

1）找出故障范围：根据故障现象分析出故障范围，在图 4-2-3 中标出故障范围。

2）排查故障点：用测量法（电压法）准确而迅速地找出故障点。注意：测量时将万用表置于交流电压 500 V 挡，合上 QA1。

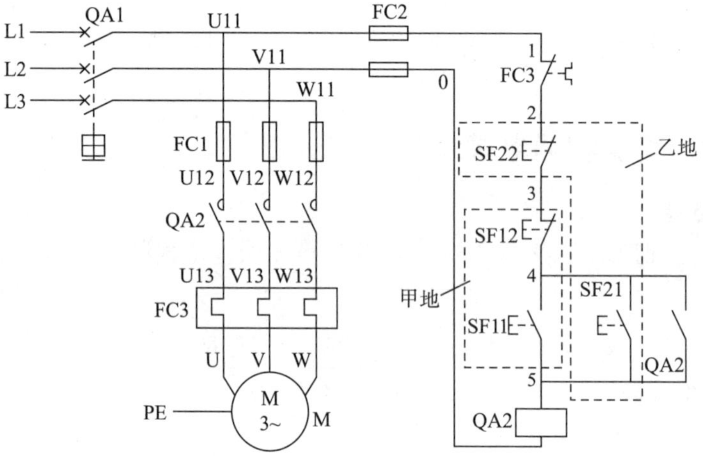

图 4-2-3　判断电路故障

写出测量流程：

3）根据故障点的不同情况，采用正确的修复方法迅速排除故障。

4）排除故障后通电试运行。

（2）分析并排除实训电路故障，在表 4-2-5 中做好记录。

表 4-2-5　实训电路的故障现象、检查方法、故障原因及处理方法

故障现象	检查方法	故障原因	处理方法
按下按钮 SF11，电动机能正常启动；按下按钮 SF21，电动机不能正常启动			
按下按钮 SF12，电动机能正常停止；按下按钮 SF22，电动机不能正常停止			

五、检查与验收

1. 自检和互检

在表 4-2-6 中记录自检和互检情况。

表 4-2-6　自检和互检情况记录

检查项目	自检情况	互检情况
接线是否准确		
接线是否符合工艺要求		
电动机运行状态是否正常		

2. 验收

在表 4-2-7 中记录电路验收过程中的问题。

表 4-2-7　验收过程中的问题记录

存在问题	整改措施	完成时间

学习活动 3　评价与总结

学习目标

1. 能展示作业成果，回顾并总结各环节的关键技术。
2. 能完成本任务的综合评价。
3. 能对本任务进行归纳和总结。
4. 能复习并巩固整个任务的知识和技能要点。

建议学时：2 学时。

学习过程

一、展示与回顾

1. 成果展示

以小组为单位，选择实物、演示文稿、展板、海报、视频等形式中的一种或几种，向全班同学汇报学习过程，展示学习成果。

2. 过程回顾

各小组回顾每个学习活动的进展过程、现存问题、改进措施和验收交付等情况，提炼各个活动环节的关键技术。

二、综合评价

针对本任务的学习情况，根据表 4-2-8 所列综合评价标准进行评分。

表 4-2-8　综合评价

评价项目	评价内容及标准	配分/分	评分		
			自我评价（占比 30%）	小组评价（占比 30%）	教师评价（占比 40%）
工作组织和管理	团队合作，合理计划，高效管理时间	5			
	定期检查工作进展和成果	5			
沟通能力	与客户交流，完全理解其要求	10			

续表

评价项目	评价内容及标准	配分/分	评分		
			自我评价（占比30%）	小组评价（占比30%）	教师评价（占比40%）
计划能力	定期检查工作，将问题最小化	5			
	提出可行性建议，提高客户满意度	10			
安装能力	根据要求设计图样，正确选用元器件	10			
	按照相关技术标准完成电路的安装	20			
检修能力	使用、测试、校准测量设备	10			
	修复检查与验收中发现的问题	25			
学生姓名		综合评价得分			
指导教师		日期			

三、归纳和总结

回顾本任务的学习过程，从电路工作原理的分析，元器件布置图和接线图的绘制，工具、仪表和器材的准备，电路安装、检测和通电试运行及故障检修等方面进行归纳，对学习过程中出现的问题进行反思与总结，优化方案和策略。

四、复习巩固

1. 填空题

（1）能在______或________________控制同一台电动机的控制方式称为电动机的多地控制。

（2）多地控制电路的接线特点是：各地的启动按钮要______________，停止按钮要__________。

（3）为了方便操作，X62W 型万能铣床主轴电动机 M1 的控制采用两地控制方式，一组安装在________上，另一组安装在______上。

（4）两地控制电路具有__________、__________、__________和失压保护环节。

（5）进行自检时，按电路图或接线图从______端开始，逐段核对接线及接线端子处线号是否正确，有无漏接、错接之处。

（6）用兆欧表检查电路绝缘电阻的阻值应不小于____MΩ。

（7）设定故障时一定要在__________的情况下进行，一般设定元器件故障和电路的断路故障，而不将正确的电路改错。

（8）通电试运行结束，电动机停转，切断电源，先拆除＿＿＿＿＿＿＿＿＿＿，再拆除＿＿＿＿＿＿。

2. 问答题

画出异步电动机三地控制电路，并简要叙述其工作原理。

课题五
三相笼型异步电动机降压启动控制电路的安装与检修

任务 1　定子绕组串电阻降压启动控制电路的安装与检修

学习目标

1. 能正确分析定子绕组串电阻降压启动控制电路的工作原理。
2. 能根据电路情况，合理地选择电阻器和时间继电器的型号及参数。
3. 能合理地安装并使用电阻器和时间继电器。
4. 能按照工艺要求，正确地安装定子绕组串电阻降压启动控制电路。
5. 能对定子绕组串电阻降压启动控制电路的故障进行分析与检修。
6. 能自觉遵守 6S 规范，填写验收记录，清理场地，归置物品。

建议学时：8 学时。

工作情境描述

某热力企业水泵电动机的降压启动器因电路老化而无法正常工作，学院组织相关专业学生对该设备按照一定的工艺进行大修，要求在 2 天内完成用定子绕组串电阻降压启动控制电路取代原降压启动器，并将检验合格的水泵电动机交付验收。

工作流程与活动

学习活动 1　明确工作任务，进行施工前准备
学习活动 2　现场施工
学习活动 3　评价与总结

学习活动 1　明确工作任务，进行施工前准备

学习目标

1. 能通过阅读工作任务联系单，明确任务内容及要求等信息。
2. 能分析定子绕组串电阻降压启动控制电路的工作原理。
3. 能按照任务要求，通过查找相关资料，确定更换元器件的型号、规格和数量。
4. 能按照任务要求，制定工作实施方案。
5. 能按照任务要求，做好相关安全防护措施。

建议学时：2 学时。

学习过程

一、阅读工作任务联单系

根据工作情境描述，阅读表 5-1-1 所示工作任务联系单，熟知本次任务的内容及要求等信息。

表 5-1-1 工作任务联系单

<table>
<tr><th>检修项目</th><th colspan="5">水泵电动机故障</th></tr>
<tr><td>任务内容</td><td colspan="5">水泵电动机电路为三相异步电动机串电阻降压启动控制电路，考虑设备的使用状况和其控制电路特点，决定完成以下检修内容：
1. 更换水泵电动机电路中损坏和不符合要求的低压元器件，重新固定元器件并安装电路。
2. 按照设备大修工艺要求，对电路重新布线。
3. 对大修后的电路进行检测和通电试运行</td></tr>
<tr><td>工艺要求</td><td colspan="5"></td></tr>
<tr><td>安全措施</td><td colspan="5"></td></tr>
<tr><td rowspan="2">委托单位</td><td rowspan="2"></td><td>责任人</td><td></td><td rowspan="2">承接时间</td><td rowspan="2"></td></tr>
<tr><td>联系电话</td><td></td></tr>
<tr><td rowspan="2">承接单位</td><td rowspan="2"></td><td>责任人</td><td></td><td rowspan="2">完工时间</td><td rowspan="2"></td></tr>
<tr><td>联系电话</td><td></td></tr>
<tr><td>验收意见</td><td colspan="3"></td><td>验收人</td><td></td></tr>
</table>

二、认识定子绕组串电阻降压启动控制电路

通过观看水泵电动机的工作过程，了解定子绕组串电阻降压启动控制电路。查看水泵电动机控制电路，了解组成该电路的低压电器。

1. 简述图 5-1-1 所示时间继电器自动控制定子绕组串电阻降压启动控制电路的工作原理。

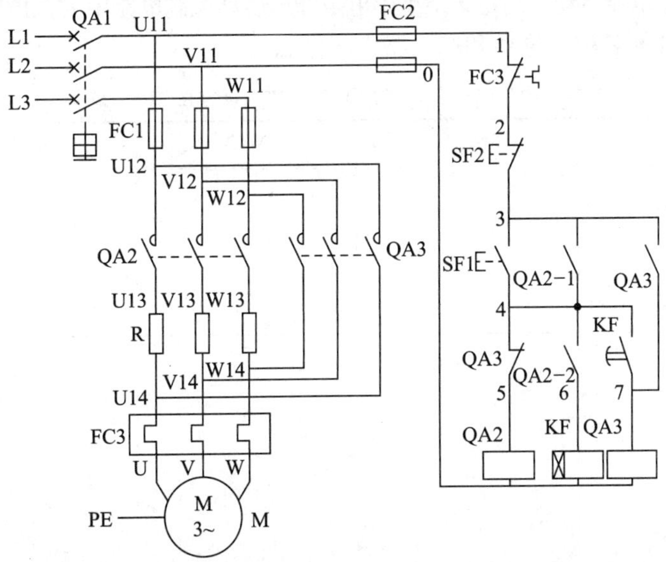

图 5-1-1 时间继电器自动控制定子绕组串电阻降压启动控制电路

2. 根据图 5-1-1 所示电路，画出时间继电器自动控制定子绕组串电阻降压启动控制电路的元器件布置图和接线图。

3. 认识时间继电器自动控制定子绕组串电阻降压启动控制电路中的低压电器，在表 5-1-2 中补充所用元器件的名称、符号和在电路中的作用。

表 5-1-2　所用元器件的名称、符号和在电路中的作用

元器件	名称	符号	在电路中的作用

4. 填写图 5-1-2 中时间继电器符号的含义。

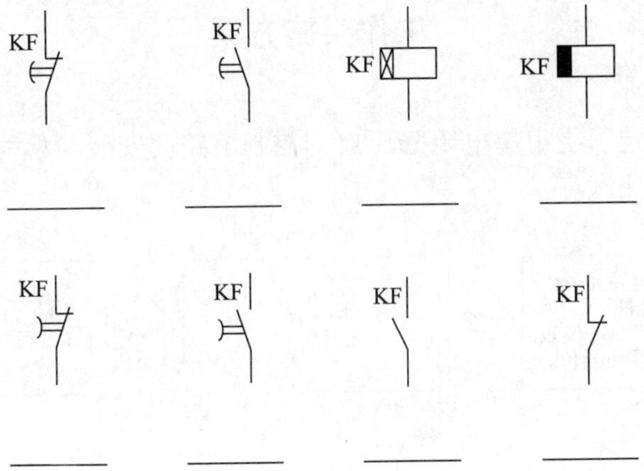

图 5-1-2 时间继电器在电路图中的符号

5. 填写 JS20 系列晶体管式时间继电器型号的含义。

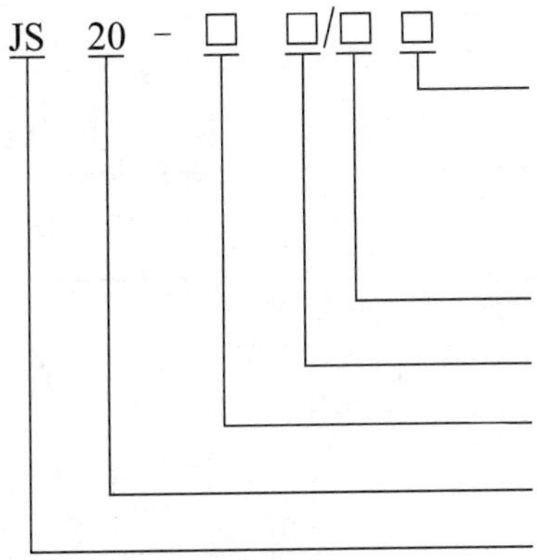

6. 将表 5-1-3 中电阻器有关内容补充完整。

表 5-1-3 电阻器的用途与分类

类型	型号	结构及特点	适用场合	备注
铸铁电阻器				
板形电阻器				
铁铬铝合金电阻器				
管形电阻器				

三、制定工作实施方案

通过工作实施方案的制定，明确任务分工和基本工序流程。

定子绕组串电阻降压启动控制电路的安装与检修
工作实施方案

1. 施工流程

三相异步电动机定子绕组串电阻降压启动控制电路的安装与检修需要经历三个阶段：准备、安装、检查与测试。

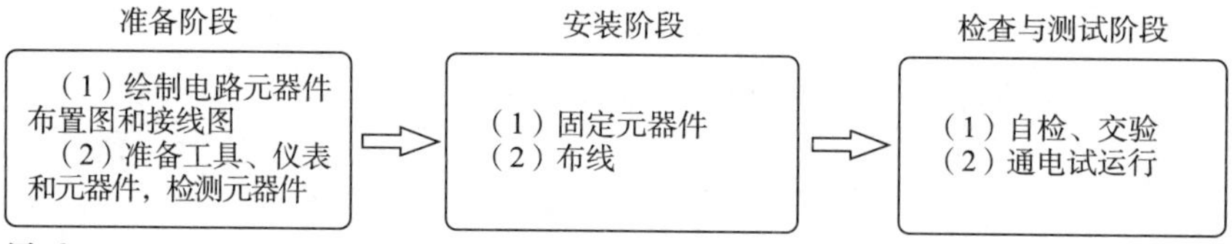

2. 人员分工

（1）小组负责人：__________

（2）小组成员及分工

姓名	分工

3. 工具、材料清单

类别	项目内容					备注
工具						
仪表						
元器件与器材	代号	名称	型号	规格	数量	

4. 工序及工期安排

序号	工作内容	完成时间	备注

学习活动 2　现场施工

学习目标

1. 能按照要求，在控制板上安装低压电气元件。
2. 能按照工艺要求，完成时间继电器自动控制定子绕组串电阻降压启动控制电路的布线。
3. 能检测时间继电器自动控制定子绕组串电阻降压启动控制电路并通电试运行。
4. 能对时间继电器自动控制定子绕组串电阻降压启动控制电路的故障进行分析与检修。
5. 能通过检查与验收查找电路存在的问题，及时改进。
6. 能自觉遵守 6S 规范，清理场地，归置物品。

建议学时：4 学时。

学习过程

一、根据元器件布置图安装低压电气元件

安装前先检查所有电气元件，确保所有电气元件的功能正常。并将时间继电器和电阻器的检查情况分别填写在表 5-1-4 和表 5-1-5 中。注意电气元件的安装位置必须与元器件布置图一致。

表 5-1-4　时间继电器的检查情况记录

时间继电器检查项目	结果描述
铭牌数据	
外观	
动作灵敏性	
通断情况	

表 5-1-5　电阻器的检查情况记录

电阻器检查项目	结果描述
铭牌数据	
外观	

续表

电阻器检查项目	结果描述
动作灵敏性	
通断情况	

二、按照接线图实施时间继电器自动控制定子绕组串电阻降压启动控制电路的布线

1. 在图 5-1-3 所示时间继电器 8 脚底座上标注电源接线端子。

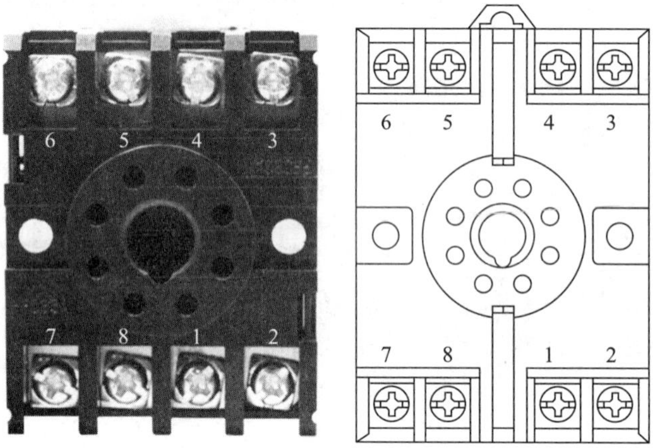

图 5-1-3　时间继电器脚底座结构

2. 将电路布线过程记录在表 5-1-6 中。

表 5-1-6　电路布线过程记录

线号	两端的元器件代号	连接状态

三、自检、交验和通电试运行

1. 自检和交验

将自检操作过程记录在表 5-1-7 中。若自检无误，待教师签字后，电路可以通电试运行。

表 5-1-7　自检操作过程记录

检测步骤	存在问题	解决方法
对照接线图，检查各端子线号		

续表

<table>
<tr><th colspan="3">检测步骤</th><th>存在问题</th><th>解决方法</th></tr>
<tr><td rowspan="7">用万用表检查电路的通断情况</td><td colspan="2">检查主电路</td><td></td><td></td></tr>
<tr><td rowspan="6">检查控制电路</td><td>检查串电阻启动控制</td><td></td><td></td></tr>
<tr><td>检查全压运行控制</td><td></td><td></td></tr>
<tr><td>检查接触器联锁</td><td></td><td></td></tr>
<tr><td>检查时间继电器控制</td><td></td><td></td></tr>
<tr><td>检查停机控制</td><td></td><td></td></tr>
<tr><td>检查过载保护环节</td><td></td><td></td></tr>
<tr><td colspan="3">用兆欧表检查电路的绝缘电阻</td><td></td><td></td></tr>
</table>

自检和交验人： 复核教师：

2. 通电试运行

通电前要进行电路安全检查，并在表 5-1-8 中做好通电试运行过程记录。

表 5-1-8 通电试运行过程记录

通电试运行步骤	通电试运行现象	是否存在问题	解决方法

四、检修时间继电器自动控制定子绕组串电阻降压启动控制电路

1. 熟悉任务流程

参照教材中的任务流程图，熟悉本任务的主要工作步骤。

2. 判断故障并排除

（1）常见故障举例

故障现象：电动机启动后，KF、QA3 线圈不能吸合。

1）找出故障范围：根据故障现象分析出故障范围，如图 5-1-4 中虚线框所示。

2）排查故障点：用测量法（电压法）准确而迅速地找出故障点。注意：测量时将万用表置于交流电压 500 V 挡，合上 QA1。

写出测量流程：

3）根据故障点的不同情况，采取正确的修复方法迅速排除故障。

4）排除故障后通电试运行。

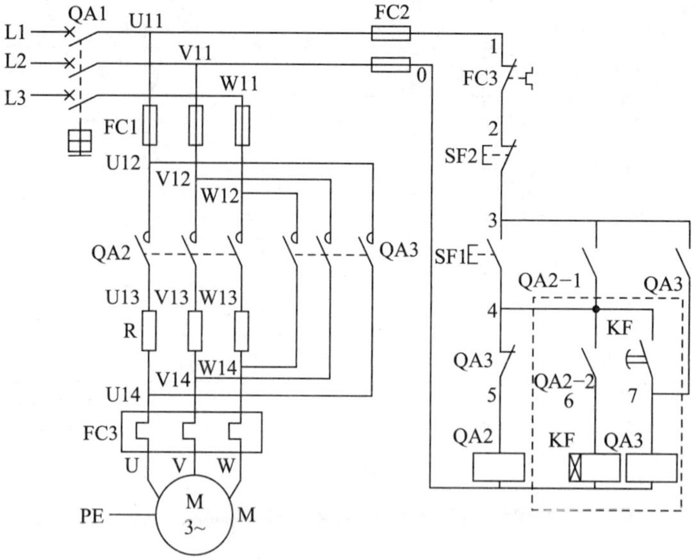

图 5-1-4　判断电路故障

（2）分析并排除实训电路故障，在表 5-1-9 中做好记录。

表 5-1-9　实训电路的故障现象、检查方法、故障原因及处理方法

故障现象	检查方法	故障原因	处理方法
电动机不能启动			
电动机启动后不能转换成全压运行			
电动机启动后很快停转			

五、检查与验收

1. 自检和互检

在表 5-1-10 中记录自检和互检情况。

表 5-1-10　自检和互检情况记录

检查项目	自检情况	互检情况
接线是否准确		
接线是否符合工艺要求		
电动机运行状态是否正常		

2. 验收

在表 5-1-11 中记录电路验收过程中的问题。

表 5-1-11　验收过程中的问题记录

存在问题	整改措施	完成时间

学习活动 3　评价与总结

学习目标

1. 能展示作业成果，回顾并总结各环节的关键技术。
2. 能完成本任务的综合评价。
3. 能对本任务进行归纳和总结。
4. 能复习并巩固整个任务的知识和技能要点。

建议学时：2 学时。

学习过程

一、展示与回顾

1. 成果展示

以小组为单位，选择实物、演示文稿、展板、海报、视频等形式中的一种或几种，向全班同学汇报学习过程，展示学习成果。

2. 过程回顾

各小组回顾每个学习活动的进展过程、现存问题、改进措施和验收交付等情况，提炼各个活动环节的关键技术。

二、综合评价

针对本任务的学习情况，根据表 5-1-12 所列综合评价标准进行评分。

表 5-1-12　综合评价

评价项目	评价内容及标准	配分/分	评分		
			自我评价（占比30%）	小组评价（占比30%）	教师评价（占比40%）
工作组织和管理	团队合作，合理计划，高效管理时间	5			
	定期检查工作进展和成果	5			
沟通能力	与客户交流，完全理解其要求	10			
计划能力	定期检查工作，将问题最小化	5			
	提出可行性建议，提高客户满意度	10			
安装能力	根据要求设计图样，正确选用元器件	10			
	按照相关技术标准完成电路的安装	20			
检修能力	使用、测试、校准测量设备	10			
	修复检查与验收中发现的问题	25			
学生姓名		综合评价得分			
指导教师		日期			

三、归纳和总结

回顾本任务的学习过程，从电路工作原理的分析，元器件布置图和接线图的绘制，工具、仪表和器材的准备，电路安装、检测和通电试运行及故障检修等方面进行归纳，对学习过程中出现的问题进行反思与总结，优化方案和策略。

四、复习巩固

1. 填空题

（1）降压启动是指利用启动设备将______适当降低后，加到电动机的定子绕组上进行启动，待电动机启动运转后，再使其______恢复到__________正常运转。降压启动的目的是______________。

（2）定子绕组串电阻降压启动是指在电动机启动时，把电阻串在电动机__________与______间，通过电阻的分压作用来降低定子绕组上的启动电压。待电动机启动后，再将电阻______，使电动机在__________下正常运行。

（3）常见的降压启动方法有________________________、________________________、__________________、延边三角形降压启动和软启动器启动等几种。

2. 选择题

（1）电动机直接启动时的启动电流较大，一般为额定电流的（　　）倍。

A. 1~3　　B. 2~4　　C. 4~7　　D. 8~10

（2）通电延时型时间继电器延时常开触头的动作特点是（　　）。

A. 线圈得电后，触头延时断开　　B. 线圈得电后，触头延时闭合

C. 线圈得电后，触头立即断开　　D. 线圈得电后，触头立即闭合

（3）下列关于定子绕组串电阻降压启动控制电路的描述中说法错误的是（　　）。

A. 电动机启动时在电路中串电阻，降低定子绕组电压，启动后将电阻短路，电动机在正常电压下运行

B. 串电阻降压启动控制不受电动机接线形式的限制，设备简单

C. 串启动电阻的阻值可通过公式近似计算

D. 启动电阻 R 不能串联在电动机的两相定子绕组中

3. 判断题

（1）晶体管式时间继电器根据 RC 电路的充电原理来获得延时。（　　）

（2）串电阻降压启动的缺点是增大了电动机的启动转矩。（　　）

（3）串电阻降压启动在电阻上的功率消耗比较大。（　　）

（4）在安装定子绕组串电阻降压启动控制电路时，电阻器产生的热量对其他电器无任何影响，故安装在箱体内或箱体外时，不需采用任何防护措施。（　　）

任务 2　自耦变压器（补偿器）降压启动控制电路的安装与检修

学习目标

1. 能正确分析自耦变压器（补偿器）降压启动控制电路的工作原理。
2. 能根据电路情况，合理地选择中间继电器的型号和参数。
3. 能合理地安装并使用中间继电器。
4. 能按照工艺要求，正确地安装自耦变压器（补偿器）降压启动控制电路。
5. 能对自耦变压器（补偿器）降压启动控制电路的故障进行分析与检修。
6. 能自觉遵守 6S 规范，填写验收记录，清理场地，归置物品。

建议学时：8 学时。

工作情境描述

某矿山企业的一台绞车因使用时间较长，学院组织相关专业学生对该设备按照规定进行大修，要求在 2 天内完成绞车电动机控制电路检修、元器件更换和重新安装布线，将检验合格的绞车交付验收。

工作流程与活动

学习活动 1　明确工作任务，进行施工前准备
学习活动 2　现场施工
学习活动 3　评价与总结

学习活动 1　明确工作任务，进行施工前准备

学习目标

1. 能通过阅读工作任务联系单，明确任务内容及要求等信息。
2. 能分析自耦变压器（补偿器）降压启动控制电路的工作原理。
3. 能按照任务要求，通过查找相关资料，确定更换元器件的型号、规格和数量。
4. 能按照任务要求，制定工作实施方案。
5. 能按照任务要求，做好相关安全防护措施。

建议学时：2 学时。

学习过程

一、阅读工作任务联系单

根据工作情境描述，阅读表 5-2-1 所示工作任务联系单，熟知本次任务的内容及要求

等信息。

表 5-2-1 工作任务联系单

<table>
<tr><th>检修项目</th><th colspan="5">绞车大修</th></tr>
<tr><td>任务内容</td><td colspan="5">绞车电动机电路为自耦变压器（补偿器）降压启动控制电路，考虑设备使用状况和其控制电路特点，决定完成以下检修内容：
1. 更换绞车电动机控制电路中损坏和不符合要求的低压元器件，重新固定元器件并安装电路。
2. 按照设备大修工艺要求，对电路重新布线。
3. 对大修后的电路进行检测和通电试运行</td></tr>
<tr><td>工艺要求</td><td colspan="5"></td></tr>
<tr><td>安全措施</td><td colspan="5"></td></tr>
<tr><td rowspan="2">委托单位</td><td rowspan="2"></td><td>责任人</td><td></td><td rowspan="2">承接时间</td><td rowspan="2"></td></tr>
<tr><td>联系电话</td><td></td></tr>
<tr><td rowspan="2">承接单位</td><td rowspan="2"></td><td>责任人</td><td></td><td rowspan="2">完工时间</td><td rowspan="2"></td></tr>
<tr><td>联系电话</td><td></td></tr>
<tr><td>验收意见</td><td colspan="3"></td><td>验收人</td><td></td></tr>
</table>

二、认识自耦变压器（补偿器）降压启动控制电路

通过观看绞车的工作过程，了解自耦变压器（补偿器）降压启动控制电路。查看绞车电动机的控制电路，了解组成该电路的低压电器。

1. 简述图 5-2-1 所示时间继电器自动控制自耦变压器（补偿器）降压启动控制电路的工作原理。

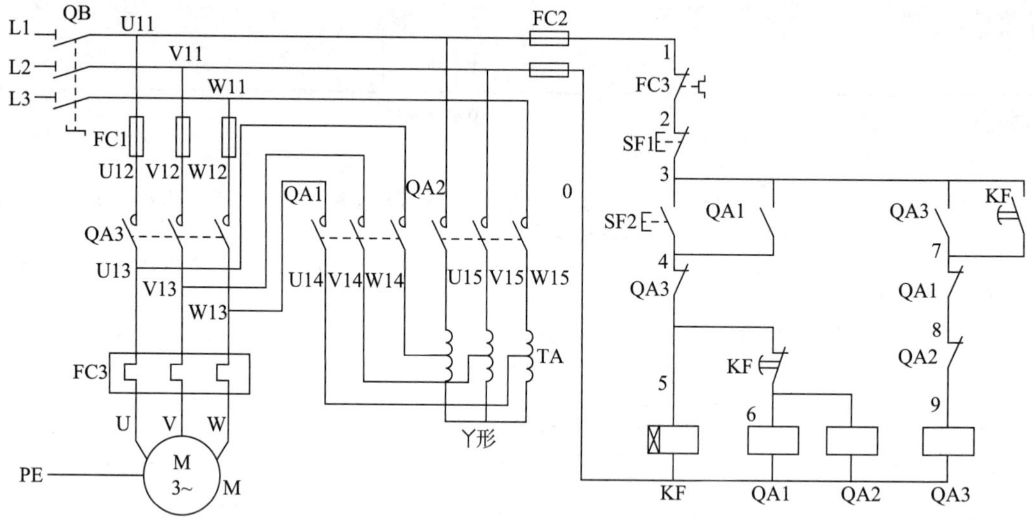

图 5-2-1　时间继电器自动控制自耦变压器（补偿器）降压启动控制电路

2. 根据图 5-2-1 所示电路，画出时间继电器自动控制自耦变压器（补偿器）降压启动控制电路的元器件布置图和接线图。

3. 认识时间继电器自动控制自耦变压器（补偿器）降压启动控制电路中的低压电器，在表 5-2-2 中补充所用元器件的名称、符号和在电路中的作用。

表 5-2-2　所用元器件的名称、符号和在电路中的作用

元器件	名称	符号	在电路中的作用

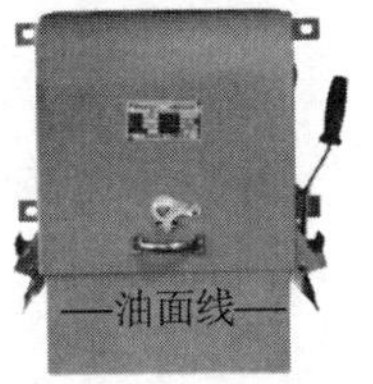			

4. 在图 5-2-2 中标出箭头所指的结构名称。

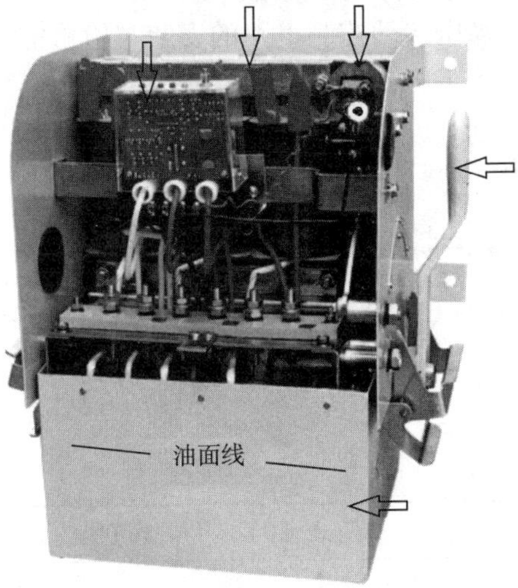

图 5-2-2　QJD3 系列油浸式手动自耦降压启动器

5. 在图 5-2-3 的右边画出 XJ01 系列空气式手动自耦降压启动箱的电路图。

a）　　　　　　　　　　b）

图 5-2-3　XJ01 系列空气式手动自耦降压启动箱

a）内部结构图　b）电路图

三、制定工作实施方案

通过工作实施方案的制定，明确任务分工和基本工序流程。

自耦变压器（补偿器）降压启动控制电路的安装与检修 工作实施方案

1. 施工流程

自耦变压器（补偿器）降压启动控制电路的安装与检修需要经历三个阶段：准备、安装、检查与测试。

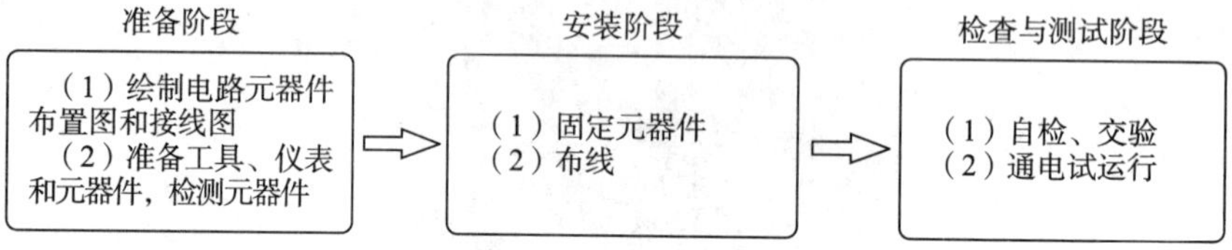

2. 人员分工

（1）小组负责人：__________

（2）小组成员及分工

姓名	分工

3. 工具、材料清单

类别	项目内容					备注
工具						
仪表						
元器件与器材	代号	名称	型号	规格	数量	

4. 工序及工期安排

序号	工作内容	完成时间	备注

学习活动 2　现场施工

学习目标

1. 能按照要求，在控制板上安装低压电气元件。
2. 能按照工艺要求，完成自耦变压器（补偿器）降压启动控制电路的布线。
3. 能检测自耦变压器（补偿器）降压启动控制电路并通电试运行。
4. 能对自耦变压器（补偿器）降压启动控制电路的故障进行分析与检修。
5. 能通过检查与验收查找电路存在的问题，及时改进。
6. 能自觉遵守 6S 规范，清理场地，归置物品。

建议学时：4 学时。

学习过程

一、根据元器件布置图安装低压电气元件

安装前先检查所有电气元件，确保所有电气元件的功能正常。注意电气元件的安装位置必须与元器件布置图一致。

二、按照接线图实施自耦变压器（补偿器）降压启动控制电路的布线

将电路布线过程记录在表 5-2-3 中。

表 5-2-3　电路布线过程记录

线号	两端的元器件代号	连接状态

三、自检、交验和通电试运行

1. 自检和交验

将自检操作过程记录在表 5-2-4 中。若自检无误，待教师签字后，电路可以通电试运行。

表 5-2-4　自检操作过程记录

<table>
<tr><th colspan="3">检测步骤</th><th>存在问题</th><th>解决方法</th></tr>
<tr><td colspan="3">对照接线图，检查各端子线号</td><td></td><td></td></tr>
<tr><td rowspan="7">用万用表检查电路的通断情况</td><td colspan="2">检查主电路</td><td></td><td></td></tr>
<tr><td rowspan="6">检查控制电路</td><td>检查Y形启动控制</td><td></td><td></td></tr>
<tr><td>检查全压运行控制</td><td></td><td></td></tr>
<tr><td>检查接触器联锁</td><td></td><td></td></tr>
<tr><td>检查时间继电器控制</td><td></td><td></td></tr>
<tr><td>检查停机控制</td><td></td><td></td></tr>
<tr><td colspan="3">用兆欧表检查电路的绝缘电阻</td><td></td><td></td></tr>
</table>

自检和交验人：　　　　　　　　　　　　　　　　　　　　　　复核教师：

2. 通电试运行

通电前要进行电路安全检查，并在表 5-2-5 中做好通电试运行过程记录。

表 5-2-5　通电试运行过程记录

通电试运行步骤	通电试运行现象	是否存在问题	解决方法

四、检修自耦变压器（补偿器）降压启动控制电路

1. 熟悉任务流程

参照教材中的任务流程图，熟悉本任务的主要工作步骤。

2. 判断故障并排除

（1）常见故障举例

故障现象：按下 SF2，电动机能降压启动，整定时间到时不能全压运行。

1）找出故障范围：根据故障现象分析出故障范围，在图 5-2-4 中标出故障范围。

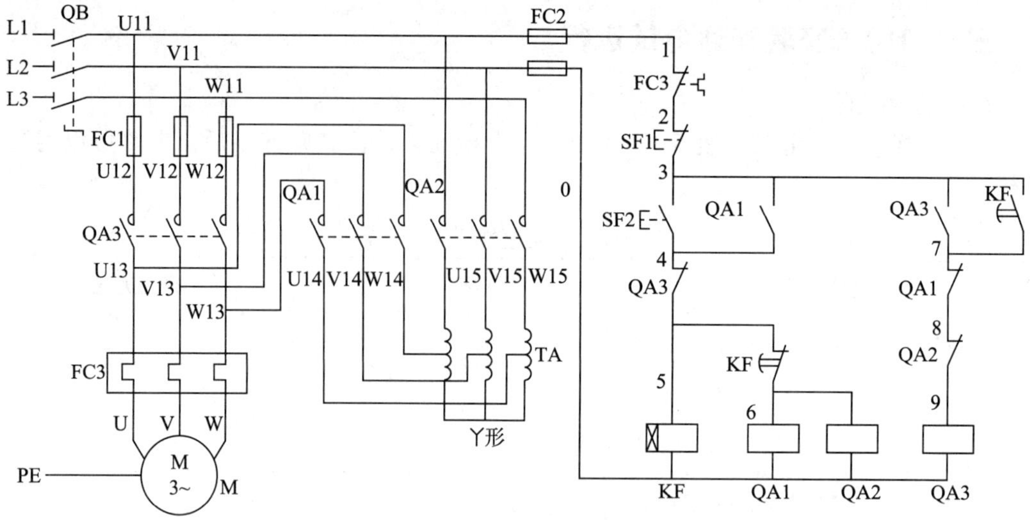

图 5-2-4　判断电路故障

2）排查故障点：用测量法（电压法）准确而迅速地找出故障点。注意：测量时将万用表置于交流电压 500 V 挡，合上 QB。

写出测量流程：

3）根据故障点的不同情况，采用正确的修复方法迅速排除故障。

4）排除故障后通电试运行。

（2）分析并排除实训电路故障，在表 5-2-6 中做好记录。

表 5-2-6 实训电路的故障现象、检查方法、故障原因及处理方法

故障现象	检查方法	故障原因	处理方法
电动机不能启动			
自耦变压器发出“嗡嗡”声			
自耦变压器过热			
接触器 QA1 释放后，电动机停转			

3. 检修低压电器故障

分析并排除低压电器故障，在表 5-2-7 中做好记录。

表 5-2-7　低压电器的故障现象、故障原因及处理方法

故障现象	故障原因	处理方法
自耦变压器过热		
自耦变压器发出“嗡嗡”声		

五、检查与验收

1. 自检和互检

在表 5-2-8 中记录自检和互检情况。

表 5-2-8　自检和互检情况记录

检查项目	自检情况	互检情况
接线是否准确		
接线是否符合工艺要求		
电动机运行状态是否正常		

2. 验收

在表 5-2-9 中记录电路验收过程中的问题。

表 5-2-9　验收过程中的问题记录

存在问题	整改措施	完成时间

学习活动 3　评价与总结

学习目标

1. 能展示作业成果，回顾并总结各环节的关键技术。
2. 能完成本任务的综合评价。
3. 能对本任务进行归纳和总结。
4. 能复习并巩固整个任务的知识和技能要点。

建议学时：2 学时。

学习过程

一、展示与回顾

1. 成果展示

以小组为单位，选择实物、演示文稿、展板、海报、视频等形式中的一种或几种，向全班同学汇报学习过程，展示学习成果。

2. 过程回顾

各小组回顾每个学习活动的进展过程、现存问题、改进措施和验收交付等情况，提炼各个活动环节的关键技术。

二、综合评价

针对本任务的学习情况，根据表 5-2-10 所列综合评价标准进行评分。

表 5-2-10　综合评价

评价项目	评价内容及标准	配分/分	评分		
			自我评价（占比 30%）	小组评价（占比 30%）	教师评价（占比 40%）
工作组织和管理	团队合作，合理计划，高效管理时间	5			
	定期检查工作进展和成果	5			
沟通能力	与客户交流，完全理解其要求	10			

续表

评价项目	评价内容及标准	配分/分	评分		
			自我评价（占比30%）	小组评价（占比30%）	教师评价（占比40%）
计划能力	定期检查工作，将问题最小化	5			
	提出可行性建议，提高客户满意度	10			
安装能力	根据要求设计图样，正确选用元器件	10			
	按照相关技术标准完成电路的安装	20			
检修能力	使用、测试、校准测量设备	10			
	修复检查与验收中发现的问题	25			
学生姓名		综合评价得分			
指导教师		日期			

三、归纳和总结

回顾本任务的学习过程，从电路工作原理的分析，元器件布置图和接线图的绘制，工具、仪表和器材的准备，电路安装、检测和通电试运行及故障检修等方面进行归纳，对学习过程中出现的问题进行反思与总结，优化方案和策略。

四、复习巩固

1. 填空题

（1）自耦变压器（补偿器）降压启动是指在电动机启动时，利用____________降低加在电动机定子绕组上的启动电压。待电动机启动后，再使电动机与____________脱离，从而在______下正常运行。

（2）利用自耦变压器（补偿器）进行降压启动的装置称为________________，其产品有__________和____________两种。

（3）QJD3 系列油浸式手动自耦降压启动器主要由薄钢板制成的防护式____________、____________、________________________、__________及__________共五部分组成，具有______和______保护功能。

（4）XJ01 系列自耦降压启动箱由_____________、_____________、_____________、__________、时间继电器和按钮等电气元件组成。

（5）常用的手动自耦降压启动器有________系列油浸式和________系列空气式两种，而 XJ01 系列自耦降压启动箱是______控制设备。

2. 选择题

（1）自耦变压器（补偿器）降压启动的方法适用于定子绕组是（　　）联结的异步电动机启动。

A. 星形　　B. 三角形

C. 星形或三角形　　D. 视控制要求而定

（2）中间继电器一般根据控制电路的（　　）选择。

A. 电压等级　　B. 电流大小

C. 触头数量　　D. 触头容量

（3）QJD3 系列油浸式手动自耦降压启动器适用于一般工业用交流 50 Hz 或 60 Hz、额定电压 380 V、功率（　　）kW 的三相笼型异步电动机。

A. 10~75　　B. 10~200　　C. 20~200　　D. 14~300

（4）XJ01 系列自耦降压启动箱广泛用于交流 50 Hz、电压 380 V、功率（　　）kW 的三相笼型异步电动机做不频繁降压启动用。

A. 10~30　　B. 10~75　　C. 14~300　　D. 200~300

3. 判断题

（1）由于直接启动所用电气设备少、电路简单、维修量较小，故电动机一般都采用直接启动。（　　）

（2）由于降压启动将导致电动机的启动转矩大为降低，故降压启动需要在空载或轻载下启动。（　　）

（3）中间继电器本质上是一个电压继电器。（　　）

（4）自耦变压器降压启动的方法适用于频繁启动的场合。（　　）

（5）三相异步电动机都可以采用自耦变压器降压启动。（　　）

任务 3　Y-△降压启动控制电路的安装与检修

学习目标

1. 能正确分析Y-△降压启动控制电路的工作原理。
2. 能按照工艺要求，正确地安装Y-△降压启动控制电路。
3. 能对Y-△降压启动控制电路的故障进行分析与检修。
4. 能自觉遵守 6S 规范，填写验收记录，清理场地，归置物品。

建议学时：8 学时。

工作情境描述

某公司的 T610 型镗床因工作时间较长已达到大修年限，学院组织相关专业学生对该镗床进行大修，要求在 8 天内完成 T610 型镗床主轴电动机控制电路检修、元器件更换和重新安装接线，并对检修后的 T610 型镗床进行试运行，将检验合格的镗床交付验收。

工作流程与活动

学习活动 1　明确工作任务，进行施工前准备
学习活动 2　现场施工
学习活动 3　评价与总结

学习活动 1　明确工作任务，进行施工前准备

学习目标

1. 能通过阅读工作任务联系单，明确任务内容及要求等信息。
2. 能分析Y-△降压启动控制电路的工作原理。
3. 能按照任务要求，通过查找相关资料，确定更换元器件的型号、规格和数量。
4. 能按照任务要求，制定工作实施方案。
5. 能按照任务要求，做好相关安全防护措施。

建议学时：2 学时。

学习过程

一、阅读工作任务联系单

根据工作情境描述，阅读表 5-3-1 所示工作任务联系单，熟知本次任务的内容及要求等信息。

表 5-3-1　工作任务联系单

<table>
<tr><th>检修项目</th><th colspan="5">T610 型镗床大修</th></tr>
<tr><td>任务内容</td><td colspan="5">T610 型镗床主轴电动机控制电路为三相异步电动机时间继电器自动控制Y-△降压启动控制电路，考虑设备使用状况和其控制电路特点，决定完成以下检修内容：
1. 更换 T610 型镗床主轴电动机控制电路中损坏和不符合要求的低压元器件，重新固定元器件并安装电路。
2. 按照设备大修工艺要求，对电路重新布线。
3. 对大修后的电路进行检测和通电试运行</td></tr>
<tr><td>工艺要求</td><td colspan="5"></td></tr>
<tr><td>安全措施</td><td colspan="5"></td></tr>
<tr><td rowspan="2">委托单位</td><td rowspan="2"></td><td>责任人</td><td></td><td rowspan="2">承接时间</td><td rowspan="2"></td></tr>
<tr><td>联系电话</td><td></td></tr>
<tr><td rowspan="2">承接单位</td><td rowspan="2"></td><td>责任人</td><td></td><td rowspan="2">完工时间</td><td rowspan="2"></td></tr>
<tr><td>联系电话</td><td></td></tr>
<tr><td>验收意见</td><td colspan="3"></td><td>验收人</td><td></td></tr>
</table>

二、认识Y-△降压启动控制电路

通过观看 T610 型镗床的工作过程，了解Y-△降压启动控制电路。

1. 简述图 5-3-1 所示按钮、接触器控制Y-△降压启动控制电路的工作原理。

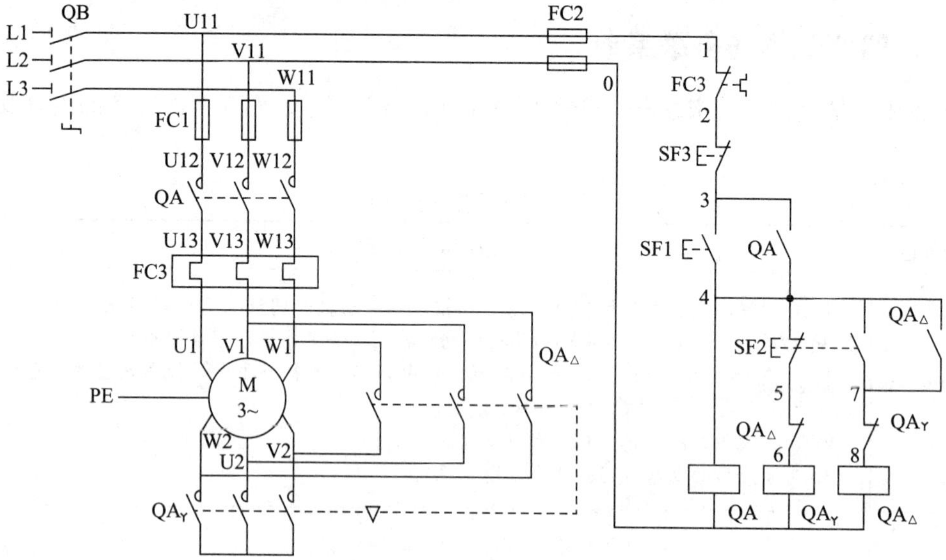

图 5-3-1　按钮、接触器控制Y-△降压启动控制电路

2. 简述图 5-3-2 所示时间继电器自动控制Y-△降压启动控制电路的工作原理。

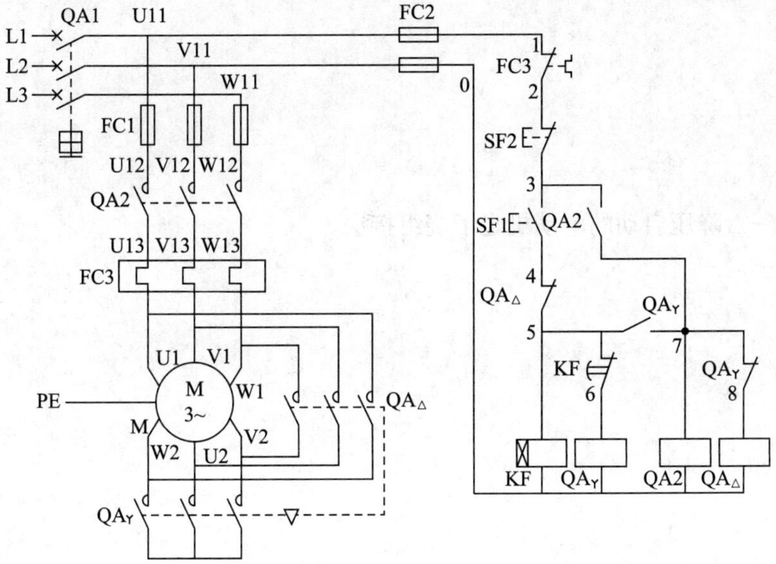

图 5-3-2 时间继电器自动控制Y-△降压启动控制电路

3. 根据图 5-3-2 所示控制电路，画出时间继电器自动控制Y-△降压启动控制电路的元器件布置图和接线图。

4. 简述Y-△降压启动的电动机定子绕组接法。

5. 将表 5-3-2 所示 QX1 型手动Y-△启动器触头分合表补充完整。

表 5-3-2 QX1 型手动Y-△启动器触头分合表

接点	手柄位置		
	启动Y	停止 0	运行△
1			
2			
3			
4			
5			
6			
7			
8			

三、制定工作实施方案

通过工作实施方案的制定，明确任务分工和基本工序流程。

Y-△降压启动控制电路的安装与检修
工作实施方案

1. 施工流程

时间继电器自动控制Y-△降压启动控制电路的安装与检修需要经历三个阶段：准备、安装、检查与测试。

准备阶段

（1）绘制电路元器件布置图和接线图
（2）准备工具、仪表和元器件，检测元器件

⇨

安装阶段

（1）固定元器件
（2）布线

⇨

检查与测试阶段

（1）自检、交验
（2）通电试运行

2. 人员分工

（1）小组负责人：________

（2）小组成员及分工

姓名	分工

3. 工具、材料清单

类别	项目内容					备注
工具						
仪表						
元器件与器材	代号	名称	型号	规格	数量	

4. 工序及工期安排

序号	工作内容	完成时间	备注

学习活动 2　现场施工

学习目标

1. 能完成手动Y-△启动器的接线。
2. 能按照工艺要求，在控制板上安装低压电气元件。
3. 能按照工艺要求，完成时间继电器自动控制Y-△降压启动控制电路的布线。
4. 能检测时间继电器自动控制Y-△降压启动控制电路并通电试运行。
5. 能对时间继电器自动控制Y-△降压启动控制电路的故障进行分析与检修。
6. 能通过检查与验收查找电路存在的问题，及时改进。
7. 能自觉遵守 6S 规范，清理场地，归置物品。

建议学时：4 学时。

学习过程

一、QX1 型手动Y-△启动器接线

按照图 5-3-3 所示完成 QX1 型手动Y-△启动器的内部接线。

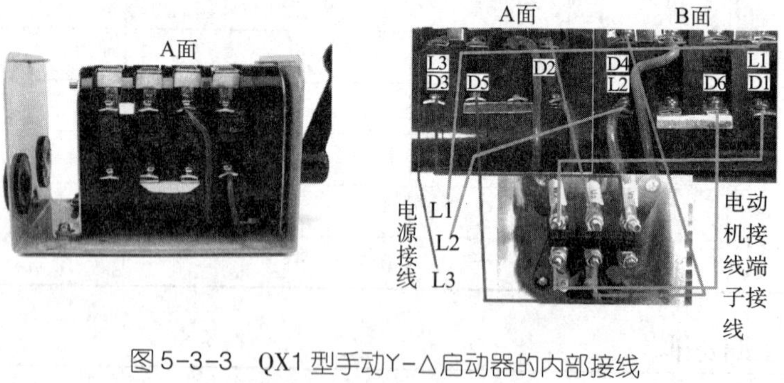

图 5-3-3　QX1 型手动Y-△启动器的内部接线

二、按照元器件布置图安装低压电气元件

安装前先检查所有电气元件，确保所有电气元件的功能正常。注意电气元件的安装位置必须与元器件布置图一致。

三、按照接线图实施时间继电器自动控制Y-△降压启动控制电路布线

主电路布线情况如图 5-3-4 所示，控制电路布线情况如图 5-3-5 所示。

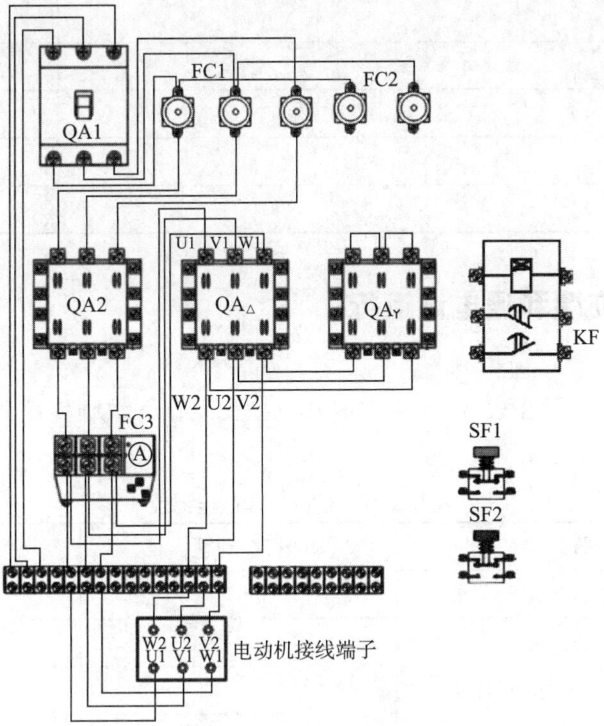

图 5-3-4　主电路布线情况

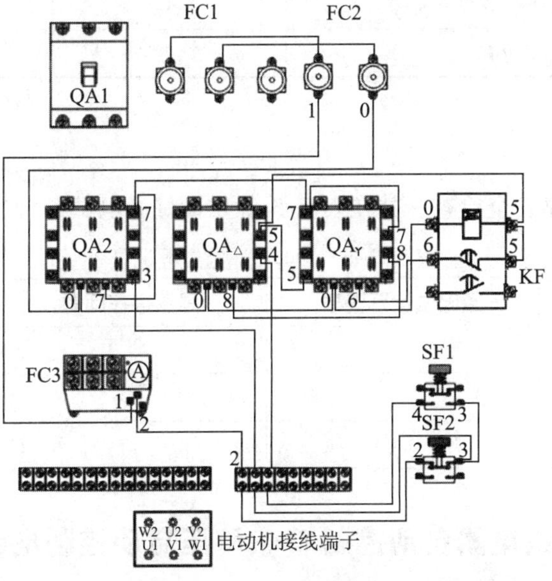

图 5-3-5　控制电路布线情况

将电路布线过程记录在表 5-3-3 中。

表 5-3-3　电路布线过程记录

线号	两端的元器件代号	连接状态

四、自检、交验和通电试运行

1. 自检和交验

将自检操作过程记录在表 5-3-4 中。若自检无误，待教师签字后，电路可以通电试运行。

表 5-3-4　自检操作过程记录

<table>
<tr><th colspan="3">检测步骤</th><th>存在问题</th><th>解决方法</th></tr>
<tr><td colspan="3">对照接线图，检查各端子线号</td><td></td><td></td></tr>
<tr><td rowspan="5">用万用表检查电路的通断情况</td><td colspan="2">检查主电路</td><td></td><td></td></tr>
<tr><td rowspan="4">检查控制电路</td><td>检查Y启动控制</td><td></td><td></td></tr>
<tr><td>检查△运行控制</td><td></td><td></td></tr>
<tr><td>检查停机控制</td><td></td><td></td></tr>
<tr><td>检查过载保护环节</td><td></td><td></td></tr>
<tr><td colspan="3">用兆欧表检查电路的绝缘电阻</td><td></td><td></td></tr>
</table>

自检和交验人：　　　　　　　　　　　　　　　　　复核教师：

2. 通电试运行

通电前要进行电路安全检查，并在表 5-3-5 中做好通电试运行过程记录。

表 5-3-5　通电试运行过程记录

通电试运行步骤	通电试运行现象	是否存在问题	解决方法

五、检修时间继电器自动控制Y-△降压启动控制电路

1. 熟悉任务流程

参照教材中的任务流程图，熟悉本任务的主要工作步骤。

2. 判断故障并排除

（1）常见故障举例一

故障现象：按下按钮 SF1，电动机不能启动，QA2 和 QA_Y线圈不能吸合。

1）找出故障范围：根据故障现象分析出故障范围在控制电路部分，如图 5-3-6 中虚线框所示（图中选用的是晶体管时间继电器）。

2）排查故障点：用测量法（电压法）准确而迅速地找出故障点。测量流程如图 5-3-6 所示。注意：测量时将万用表置于交流电压 500 V 挡，合上 QA1。

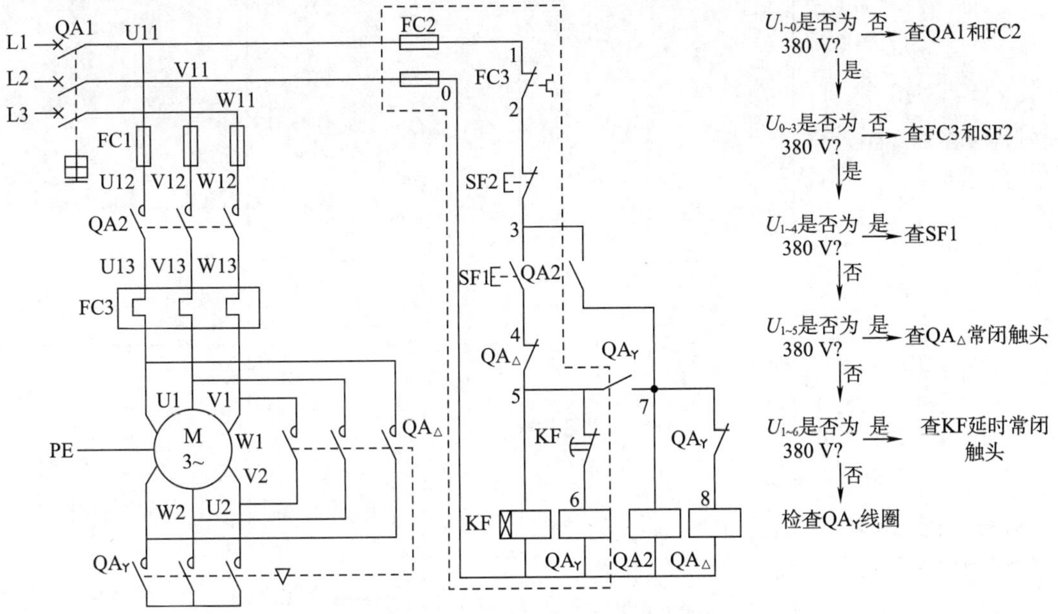

图 5-3-6　判断电路故障

3）根据故障点的不同情况，采取正确的修复方法迅速排除故障。

4）排除故障后通电试运行。

（2）常见故障举例二

故障现象：按下按钮 SF1，电动机 M 降压启动，但 KF 整定时间到，QA_Y线圈失电，$QA_\triangle$线圈不能得电。

1）找出故障范围：根据故障现象分析出故障范围，在图 5-3-6 中画出故障范围。

2）排查故障点：用测量法（电压法）准确而迅速地找出故障点。注意：测量时用万用表交流电压 500 V 挡，合上 QA1。

写出测量流程：

3）根据故障点的不同情况，采取正确的修复方法迅速排除故障。

4）排除故障后通电试运行。

（3）分析并排除实训电路故障，在表 5-3-6 中做好记录。

表 5-3-6　实训电路的故障现象、检查方法、故障原因及处理方法

故障现象	检查方法	故障原因	处理方法
电动机不能启动			
电动机能Y形启动，但不能转换为△形运行			

六、检查与验收

1. 自检和互检

在表 5-3-7 中记录自检和互检情况。

表 5-3-7　自检和互检情况记录

检查项目	自检情况	互检情况
接线是否准确		
接线是否符合工艺要求		
电动机运行状态是否正常		

2. 验收

在表 5-3-8 中记录电路验收过程中的问题。

表 5-3-8 验收过程中的问题记录

存在问题	整改措施	完成时间

学习活动 3 评价与总结

学习目标

1. 能展示作业成果，回顾并总结各环节的关键技术。
2. 能完成本任务的综合评价。
3. 能对本任务进行归纳和总结。
4. 能复习并巩固整个任务的知识和技能要点。

建议学时：2 学时。

学习过程

一、展示与回顾

1. 成果展示

以小组为单位，选择实物、演示文稿、展板、海报、视频等形式中的一种或几种，向全班同学汇报学习过程，展示学习成果。

2. 过程回顾

各小组回顾每个学习活动的进展过程、现存问题、改进措施和验收交付等情况，提炼各个活动环节的关键技术。

二、综合评价

针对本任务的学习情况，根据表 5-3-9 所列综合评价标准进行评分。

表 5-3-9 综合评价

评价项目	评价内容及标准	配分/分	评分		
			自我评价（占比30%）	小组评价（占比30%）	教师评价（占比40%）
工作组织和管理	团队合作，合理计划，高效管理时间	5			
	定期检查工作进展和成果	5			
沟通能力	与客户交流，完全理解其要求	10			
计划能力	定期检查工作，将问题最小化	5			
	提出可行性建议，提高客户满意度	10			
安装能力	根据要求设计图样，正确选用元器件	10			
	按照相关技术标准完成电路的安装	20			
检修能力	使用、测试、校准测量设备	10			
	修复检查与验收中发现的问题	25			
学生姓名		综合评价得分			
指导教师		日期			

三、归纳和总结

回顾本任务的学习过程，从电路工作原理的分析，元器件布置图和接线图的绘制，工具、仪表和器材的准备，电路安装、检测和通电试运行及故障检修等方面进行归纳，对学习过程中出现的问题进行反思与总结，优化方案和策略。

四、复习巩固

1. 填空题

（1）Y-△降压启动是指电动机启动时，把定子绕组接成____降压启动，待电动机转速上升并接近额定值时，再将电动机定子绕组改接成____全压正常运行。

（2）Y-△降压启动接线时要保证电动机△接法的正确性，即接触器 QA_Y 主触头闭合时，应保证定子绕组的________与________、________与________、________与________相连接。

2. 选择题

（1）当三相异步电动机采用Y-△降压启动时，每相定子绕组承受的电压是全压启动的（　　）倍。

A. 2　　B. 3　　C. $1/\sqrt{3}$　　D. 1/3

（2）采用Y-△降压启动的方式启动电动机时，降压启动电流是全压启动电流的（　　）。

A. 1/3　　B. $1/\sqrt{3}$　　C. 2/3　　D. $2/\sqrt{3}$

（3）三相异步电动机采用Y-△降压启动时，启动转矩是△接法全压启动时的（　　）倍。

A. $\sqrt{3}$　　B. $1/\sqrt{3}$　　C. $\sqrt{3}/2$　　D. 1/3

（4）在图5-3-7所示电路中，电动机作Y接法时，处于通电状态的线圈是（　　）。

A. QA、KF、QA_{Y}　　B. QA、KF

C. QA、QA_{Y}　　D. QA、$QA_{\triangle}$

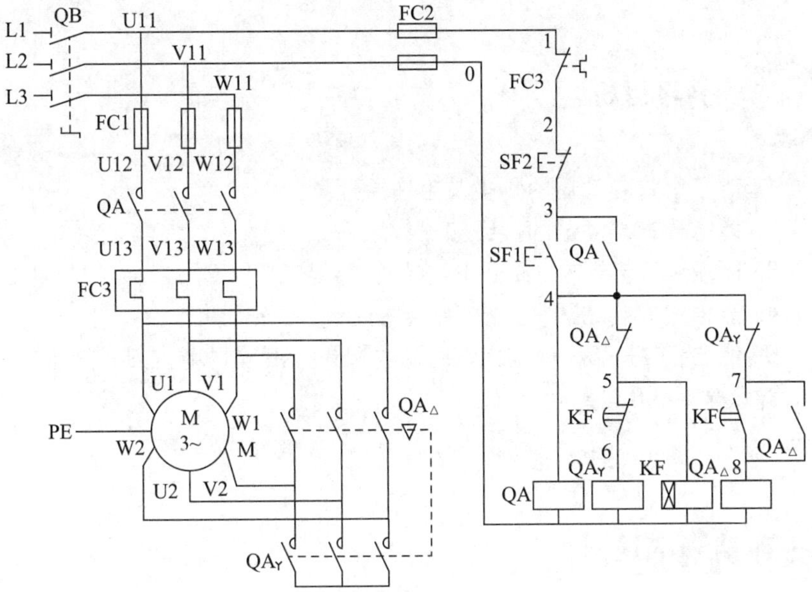

图5-3-7　电路

（5）在图5-3-7所示电路中，若QA_{Y}线圈断线，按下按钮SF1后，电动机处于（　　）工作状态。

A. 不转　　B. 直接接成△启动运转

C. 开始不转，后接成△启动运转　　D. 以上说法都不对

（6）在图5-3-7所示电路中，按下按钮SF1后，电动机一直作Y运转的原因是（　　）。

A. $QA_{\triangle}$线圈断线　　B. KF线圈断线

C. QA_{Y}线圈断线　　D. QA线圈断线

3. 判断题

（1）三相异步电动机都可以采用Y-△降压启动的方法。　（　　）

（2）三相异步电动机要想能采用Y-△降压启动，电动机在正常运行时定子绕组必须采用△接法。　（　　）

（3）定子绕组采用△接法的电动机应选用带断相保护装置的三相结构热继电器。　（　　）

（4）采用Y-△降压启动的电动机需要有六个出线端。　（　　）

任务 4　软启动器操作与电路的安装及故障排除

学习目标

1. 能了解软启动器的种类及工作原理。
2. 能掌握软启动器的接线和操作。
3. 能按照工艺要求，正确地安装三相异步电动机软启动器控制电路。
4. 能根据软启动器常见故障码，分析故障原因并排除。
5. 能自觉遵守 6S 规范，填写验收记录，清理场地，归置物品。

建议学时：8 学时。

工作情境描述

某企业的机床电动机降压启动控制电路需要进行技术升级，改用 CMC-L 型软启动器，学院组织相关专业学生对该电路进行技术升级，要求在 2 天内完成对该 CMC-L 型软启动器重新安装接线，并对升级后的 CMC-L 型软启动器进行试运行，将检验合格的 CMC-L 型软启动器交付验收。

工作流程与活动

学习活动 1　明确工作任务，进行施工前准备
学习活动 2　现场施工
学习活动 3　评价与总结

学习活动 1　明确工作任务，进行施工前准备

学习目标

1. 能通过阅读工作任务联系单，明确任务内容及要求等信息。
2. 能分析三相异步电动机软启动器控制电路的工作原理。
3. 能按照任务要求，通过查找相关资料，确定更换的元器件型号、规格和数量。
4. 能按照任务要求，制定工作实施方案。
5. 能按照任务要求，做好相关安全防护措施。

建议学时：2 学时。

学习过程

一、阅读工作任务联系单

根据工作情境描述，阅读表 5-4-1 所示工作任务联系单，熟知本次任务的内容及要求等信息。

表 5-4-1　工作任务联系单

检修项目	机床电动机降压启动控制电路技术升级
任务内容	机床电动机降压启动控制电路进行技术升级的电路为三相异步电动机软启动器控制电路，考虑设备使用状况和其控制电路特点，决定完成以下检修内容： 1. 更换机床电动机降压启动控制电路中的软启动器和损坏、不符合要求的其他低压元器件。 2. 按照设备大修工艺要求，对电路重新布线。 3. 对技术升级后的电路进行检测和通电试运行
工艺要求	

续表

<table>
<tr><td>检修项目</td><td colspan="5">机床电动机降压启动控制电路技术升级</td></tr>
<tr><td>安全措施</td><td colspan="5"></td></tr>
<tr><td rowspan="2">委托单位</td><td rowspan="2"></td><td>责任人</td><td></td><td rowspan="2">承接时间</td><td rowspan="2"></td></tr>
<tr><td>联系电话</td><td></td></tr>
<tr><td rowspan="2">承接单位</td><td rowspan="2"></td><td>责任人</td><td></td><td rowspan="2">完工时间</td><td rowspan="2"></td></tr>
<tr><td>联系电话</td><td></td></tr>
<tr><td>验收意见</td><td colspan="3"></td><td>验收人</td><td></td></tr>
</table>

二、认识 CMC-L 型软启动器

通过观看机床的工作过程，了解 CMC-L 型软启动器。

1. 画出 CMC-L 型软启动器的基本接线原理图。

2. 画出 CMC-L 型软启动器的典型应用接线图。

3. 在图 5-4-1 中标出 CMC-L 型软启动器操作面板的按键名称。

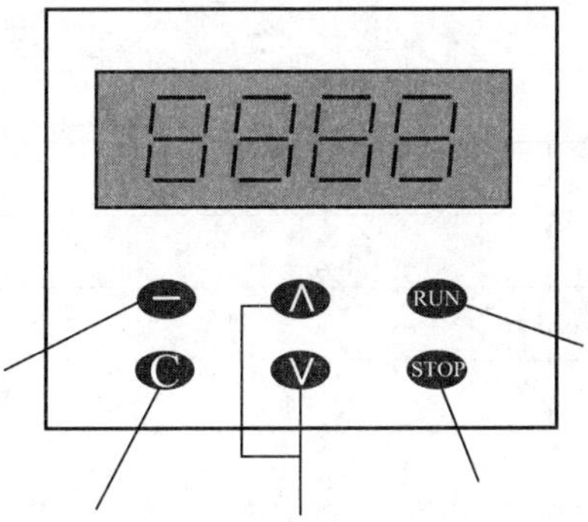

图 5-4-1　CMC-L 型软启动器的操作面板

三、制定工作实施方案

通过工作实施方案的制定，明确任务分工和基本工序流程。

软启动器操作与电路的安装及故障排除
工作实施方案

1. 施工流程

软启动器操作与电路的安装及故障排除需要经历三个阶段：准备、安装、检查与测试。

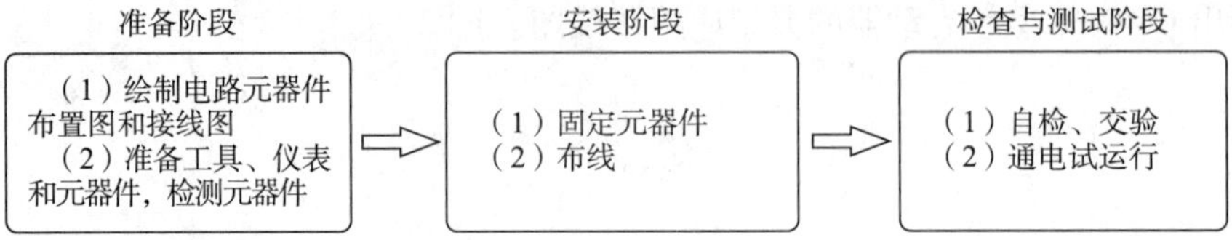

2. 人员分工

（1）小组负责人：__________

（2）小组成员及分工

姓名	分工

3. 工具、材料清单

类别	项目内容					备注
工具						
仪表						
元器件与器材	代号	名称	型号	规格	数量	

4. 工序及工期安排

序号	工作内容	完成时间	备注

学习活动 2　现场施工

学习目标

1. 能按照要求，在控制板上安装低压电气元件。
2. 能按照工艺要求，完成软启动器控制电路的布线。
3. 能检测软启动器控制电路并通电试运行。
4. 能对软启动器控制电路的故障进行分析与检修。
5. 能通过检查与验收查找电路存在的问题，及时改进。
6. 能自觉遵守 6S 规范，清理场地，归置物品。

建议学时：4 学时。

学习过程

一、安装 CMC-L 型软启动器

安装前先检查所有电气元件，确保所有电气元件的功能正常。注意电气元件的安装位置必须与元器件布置图一致。软启动器安装图如图 5-4-2 所示。

图 5-4-2　软启动器安装图

二、按照接线图实施软启动器控制电路布线

将电路布线过程记录在表 5-4-2 中。

表 5-4-2　电路布线过程记录

线号	两端的元器件代号	连接状态

三、自检、交验和通电试运行

1. 自检和交验

将自检操作过程记录在表 5-4-3 中。若自检无误，待教师签字后，电路可以通电试运行。

表 5-4-3　自检操作过程记录

<table>
<tr><th colspan="3">检测步骤</th><th>存在问题</th><th>解决方法</th></tr>
<tr><td colspan="3">对照接线图，检查各端子线号</td><td></td><td></td></tr>
<tr><td rowspan="3">用万用表检查电路的通断情况</td><td colspan="2">检查主电路</td><td></td><td></td></tr>
<tr><td rowspan="2">检查控制电路</td><td>检查启动控制</td><td></td><td></td></tr>
<tr><td>检查停机控制</td><td></td><td></td></tr>
<tr><td colspan="3">用兆欧表检查电路的绝缘电阻</td><td></td><td></td></tr>
</table>

自检与交验人：　　　　　　　　　　　　　　　　复核教师：

2. 通电试运行

通电前要进行电路安全检查，并在表 5-4-4 中做好通电试运行过程记录。

表 5-4-4　通电试运行过程记录

通电试运行步骤	通电试运行现象	是否存在问题	解决方法

四、检修 CMC-L 型软启动器控制电路

分析并排除实训电路故障，在表 5-4-5 中做好记录。

表 5-4-5 实训电路的故障现象、检查方法、故障原因及处理方法

故障现象	检查方法	故障原因	处理方法
显示 STOP			
无显示			
显示 Err1			
显示 Err2			
显示 Err3			
显示 Err4			

五、检查与验收

1. 自检和互检

在表 5-4-6 中记录自检和互检情况。

表 5-4-6 自检和互检情况记录

检查项目	自检情况	互检情况
接线是否准确		
接线是否符合工艺要求		
电动机运行状态是否正常		

2. 验收

在表 5-4-7 中记录电路验收过程中的问题。

表 5-4-7 验收过程中的问题记录

存在问题	整改措施	完成时间

学习活动 3　评价与总结

学习目标

1. 能展示作业成果，回顾并总结各环节的关键技术。
2. 能完成本任务的综合评价。
3. 能对本任务进行归纳和总结。
4. 能复习并巩固整个任务的知识和技能要点。

建议学时：2 学时。

学习过程

一、展示与回顾

1. 成果展示

以小组为单位，选择实物、演示文稿、展板、海报、视频等形式中的一种或几种，向全班同学汇报学习过程，展示学习成果。

2. 过程回顾

各小组回顾每个学习活动的进展过程、现存问题、改进措施和验收交付等情况，提炼各个活动环节的关键技术。

二、综合评价

针对本任务的学习情况，根据表 5-4-8 所列综合评价标准进行评分。

表 5-4-8　综合评价

评价项目	评价内容及标准	配分/分	评分		
			自我评价（占比 30%）	小组评价（占比 30%）	教师评价（占比 40%）
工作组织和管理	团队合作，合理计划，高效管理时间	5			
	定期检查工作进展和成果	5			
沟通能力	与客户交流，完全理解其要求	10			

续表

评价项目	评价内容及标准	配分/分	评分		
			自我评价（占比30%）	小组评价（占比30%）	教师评价（占比40%）
计划能力	定期检查工作，将问题最小化	5			
	提出可行性建议，提高客户满意度	10			
安装能力	根据要求设计图样，正确选用元器件	10			
	按照相关技术标准完成电路的安装	20			
检修能力	使用、测试、校准测量设备	10			
	修复检查与验收中发现的问题	25			
学生姓名		综合评价得分			
指导教师		日期			

三、归纳和总结

回顾本任务的学习过程，从电路工作原理的分析，元器件布置图和接线图的绘制，工具、仪表和器材的准备，电路安装、检测和通电试运行及故障检修等方面进行归纳，对学习过程中出现的问题进行反思与总结，优化方案和策略。

四、复习巩固

1. 填空题

（1）编程状态下软启动可进行两种操作：__________和参数设定，当显示参数前两位处于______状态时是参数浏览状态，后两位处于闪烁状态时是__________状态。

（2）参数显示有四位，前两位是________，后两位是________。

（3）CMC-L 型电动机软启动器是一种将_______________、__________和自动控制相结合的新型电动机启动及保护装置。

（4）CMC-L 型软启动器采用_____________操作键盘，可实现参数设定、显示、修改以及故障显示、_____________、停机等控制。

（5）软启动器是一种集_______________、软停机、___________和多种保护功能于一体的_____________________。

（6）无级连续调节主要有三种：以___________________软启动，以晶闸管为限流器件的晶闸管软启动，以________________________________软启动。

（7）液阻是一种由________形成的电阻，它导电的本质是__________。

（8）晶闸管软启动利用_________________原理，控制三相反并联晶闸管的导通角，使电动机__________从零以预设函数关系逐渐上升，直至启动结束，赋予电动机________。

（9）晶闸管软启动器实际上是一个____________________，通过改变晶闸管的触发角，就可调节晶闸管调压电路的__________。

（10）晶闸管软启动器的缺点：一是____________________，是液阻的5~10倍；二是____________________________；三是对于绕线转子异步电动机无所作为。

（11）磁控软启动是从______________衍生出来的，用____________________________________是两者的共同点。

（12）电抗值的变化是通过______________________改变铁芯饱和度实现的，所以叫作____________。

（13）变频调速装置是一种____________，它是比较理想的一种软启动装置，可以在限流的同时保持高的__________。

2. 判断题

（1）注意软启动器与接触器在主电路是串联的，接线不能接错。（　　）

（2）CMC-L型软启动器显示 Err5 时，是电动机运行过流。（　　）

（3）如果灰尘太多，将降低软启动器的绝缘等级，可能使软启动器不能正常工作。（　　）

（4）故障具有记忆性，故在故障排除后，通过按键“STOP”（长按2 s以上）进行复位，使软启动器恢复到启动准备状态。（　　）

课题六
三相笼型异步电动机制动控制电路的安装与检修

任务 1　电磁抱闸制动器制动控制电路的安装与检修

学习目标

1. 能正确分析电磁抱闸制动器制动控制电路的工作原理。
2. 能根据电路情况，合理地选择电磁抱闸制动器的型号和参数。
3. 能合理地安装并使用电磁抱闸制动器。
4. 能按照工艺要求，正确地安装电磁抱闸制动器制动控制电路。
5. 能对电磁抱闸制动器制动控制电路的故障进行分析与检修。
6. 能自觉遵守 6S 规范，填写验收记录，清理场地，归置物品。

建议学时：8 学时。

工作情境描述

某企业的 20/5t 桥式起重机主钩制动控制电路已达到大修年限需要大修。学院组织相关专业学生对该设备按照一定的工艺进行大修，要求在 2 天内完成 20/5t 桥式起重机主钩制动控制电路检修、元器件更换和重新安装接线，并对检修后的桥式起重机进行试运行，将检验合格的桥式起重机交付验收。

工作流程与活动

学习活动 1　明确工作任务，进行施工前准备
学习活动 2　现场施工
学习活动 3　评价与总结

学习活动 1　明确工作任务，进行施工前准备

学习目标

1. 能通过阅读工作任务联系单，明确任务内容及要求等信息。
2. 能分析电磁抱闸制动器制动控制电路的工作原理。
3. 能按照任务要求，通过查找相关资料，确定更换元器件的型号、规格和数量。
4. 能按照任务要求，制定工作实施方案。
5. 能按照任务要求，做好相关安全防护措施。

建议学时：2 学时。

学习过程

一、阅读工作任务联系单

根据工作情境描述，阅读表 6-1-1 所示工作任务联系单，熟知本次任务的内容及要求等信息。

表 6-1-1　工作任务联系单

<table>
<tr><td>检修项目</td><td colspan="5">20/5t 桥式起重机主钩制动控制电路大修</td></tr>
<tr><td>任务内容</td><td colspan="5">20/5t 桥式起重机主钩制动控制电路为三相异步电动机电磁抱闸制动器断电制动控制电路，考虑设备使用状况和其控制电路特点，决定完成以下检修内容：
1. 更换 20/5t 桥式起重机主钩制动控制电路中损坏和不符合要求的低压元器件，重新固定元器件并安装电路。
2. 按照设备大修工艺要求，对电路重新布线。
3. 对大修后的电路进行检测和通电试运行</td></tr>
<tr><td>工艺要求</td><td colspan="5"></td></tr>
<tr><td>安全措施</td><td colspan="5"></td></tr>
<tr><td rowspan="2">委托单位</td><td rowspan="2"></td><td>责任人</td><td></td><td rowspan="2">承接时间</td><td rowspan="2"></td></tr>
<tr><td>联系电话</td><td></td></tr>
<tr><td rowspan="2">承接单位</td><td rowspan="2"></td><td>责任人</td><td></td><td rowspan="2">完工时间</td><td rowspan="2"></td></tr>
<tr><td>联系电话</td><td></td></tr>
<tr><td>验收意见</td><td colspan="3"></td><td>验收人</td><td></td></tr>
</table>

二、认识电磁抱闸制动器制动控制电路

通过观看 20/5t 桥式起重机的工作过程，了解电磁抱闸制动器制动控制电路。查看 20/5t 桥式起重机主钩制动控制电路，了解组成该电路的低压电器。

1. 简述图 6-1-1 所示电磁抱闸制动器断电制动控制电路的工作原理。

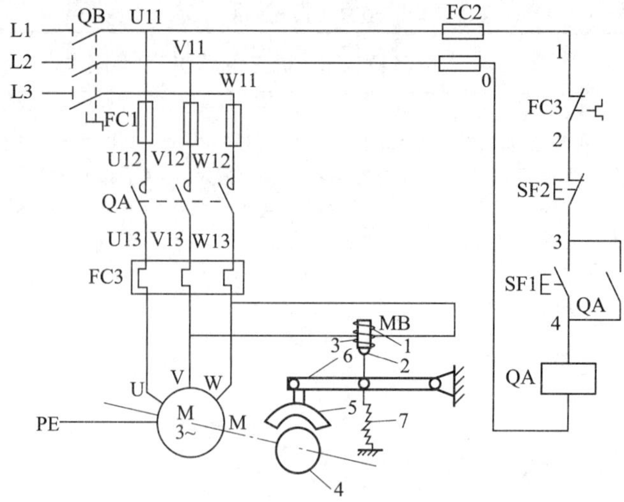

图 6-1-1　电磁抱闸制动器断电制动控制电路

1—线圈　2—衔铁　3—铁芯　4—闸轮　5—闸瓦　6—杠杆　7—弹簧

2. 简述图 6-1-2 所示电磁抱闸制动器通电制动控制电路的工作原理。

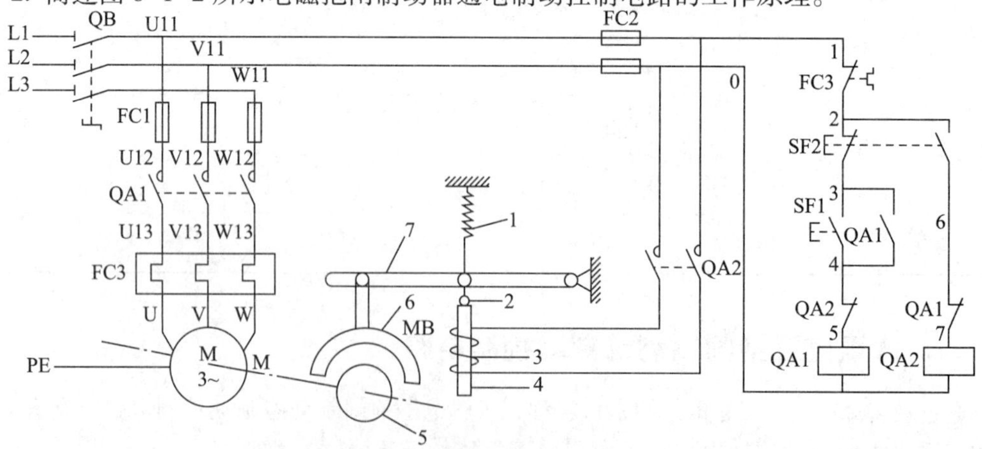

图 6-1-2　电磁抱闸制动器通电制动控制电路

1—弹簧　2—衔铁　3—线圈　4—铁芯　5—闸轮　6—闸瓦　7—杠杆

3. 根据图 6-1-1 所示电路，画出电磁抱闸制动器断电制动控制电路的元器件布置图和接线图。

4. 认识电磁抱闸制动器断电制动控制电路中的低压电器，在表 6-1-2 中补充所用元器件的名称、符号和在电路中的作用。

表 6-1-2　所用元器件的名称、符号和在电路中的作用

元器件	名称	符号	在电路中的作用

5. 在图 6–1–3 的下方写出闸瓦制动器各部件的名称。

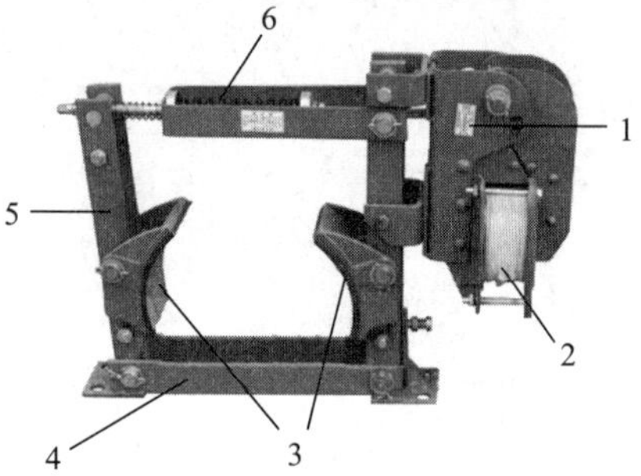

图 6–1–3　闸瓦制动器的外形

1—______　2—______　3—______　4—______　5—______　6—______

6. 在图 6–1–4 的下方写出电磁离合器各部件的名称。

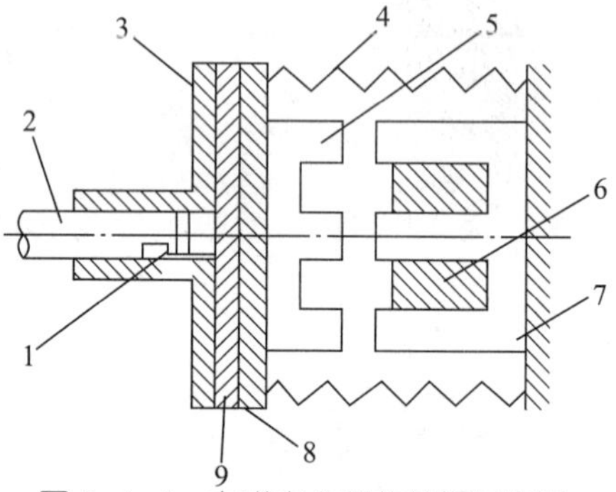

图 6–1–4　电磁离合器的结构示意图

1—______　2—______　3—______　4—______　5—______

6—______　7—______　8—______　9—______

三、制定工作实施方案

通过工作实施方案的制定，明确分工任务，明确基本工序流程。

电磁抱闸制动器制动控制电路的安装与检修
工作实施方案

1. 施工流程

电磁抱闸制动器制动控制电路的安装与检修需要经历三个阶段：准备、安装、检查与测试。

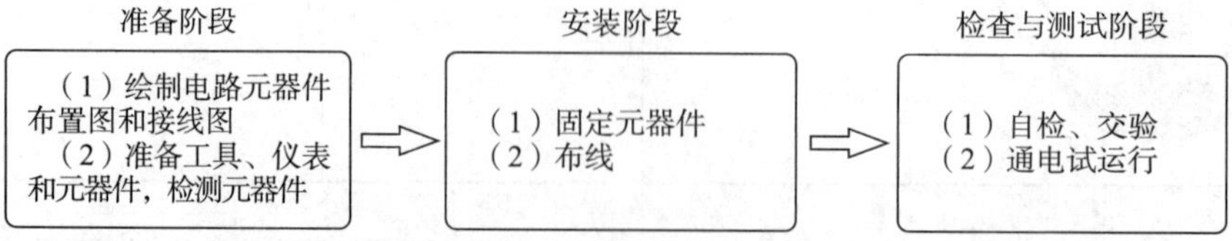

2. 人员分工

（1）小组负责人：________

（2）小组成员及分工

姓名	分工

3. 工具、材料清单

类别	项目内容					备注
工具						
仪表						
元器件与器材	代号	名称	型号	规格	数量	

4. 工序及工期安排

序号	工作内容	完成时间	备注

学习活动 2　现场施工

学习目标

1. 能按照要求，在控制板上安装低压电气元件。
2. 能按照工艺要求，完成电磁抱闸制动器制动控制电路的布线。
3. 能检测电磁抱闸制动器制动控制电路并通电试运行。
4. 能对电磁抱闸制动器制动控制电路的故障进行分析与检修。
5. 能通过检查与验收查找电路存在的问题，及时改进。
6. 能自觉遵守 6S 规范，清理场地，归置物品。

建议学时：4 学时。

学习过程

一、根据元器件布置图安装低压电气元件

安装前先检查所有电气元件，确保所有电气元件的功能正常。将电磁抱闸制动器的检查情况记录在表 6-1-3 中，安装与调整情况记录在表 6-1-4 中。注意电气元件的安装位置必须与元器件布置图一致。

表 6-1-3　电磁抱闸制动器的检查情况记录

电磁抱闸制动器检查项目	结果描述
铭牌数据	
外观	
动作灵敏性	
通断情况	

表 6-1-4　电磁抱闸制动器的安装与调整情况记录

电磁抱闸制动器安装与调整项目		检查结果描述
安装固定	地脚固定	
	轴心一致性	
制动松紧	断电状态	
	电磁铁吸合后	

二、按照接线图实施电磁抱闸制动器断电制动控制电路的布线

将电路布线过程记录在表 6-1-5 中。

表 6-1-5　电路布线过程记录

线号	两端的元器件代号	连接状态

三、自检、交验和通电试运行

1. 自检和交验

将自检操作过程记录在表 6-1-6 中。若自检无误，待教师签字后，电路可以通电试运行。

表 6-1-6　自检操作过程记录

<table>
<tr><th colspan="3">检测步骤</th><th>存在问题</th><th>解决方法</th></tr>
<tr><td colspan="3">对照接线图，检查各端子线号</td><td></td><td></td></tr>
<tr><td rowspan="5">用万用表检查电路的通断情况</td><td colspan="2">检查主电路</td><td></td><td></td></tr>
<tr><td rowspan="4">检查控制电路</td><td>检查启动控制</td><td></td><td></td></tr>
<tr><td>检查接触器自锁</td><td></td><td></td></tr>
<tr><td>检查停机控制</td><td></td><td></td></tr>
<tr><td>检查电磁线圈通断</td><td></td><td></td></tr>
<tr><td colspan="3">用兆欧表检查电路的绝缘电阻</td><td></td><td></td></tr>
</table>

自检与交验人：　　　　　　　　　　　　　　　　　　　　　　复核教师：

2. 通电试运行

通电前要进行电路安全检查，并在表 6-1-7 中做好通电试运行过程记录。

表 6-1-7　通电试运行过程记录

通电试运行步骤	通电试运行现象	是否存在问题	解决方法

四、检修电磁抱闸制动器断电制动控制电路

1. 熟悉任务流程

参照教材中的任务流程图，熟悉本任务的主要工作步骤。

2. 判断故障并排除

（1）常见故障举例

故障现象：按下按钮 SF1，QA 线圈吸合，但电动机 M 堵转。

1）找出故障范围：根据故障现象分析出故障范围，在图 6-1-5 中标出故障范围。

2）排查故障点：用测量法（电压法）准确而迅速地找出故障点。注意：测量时将万用表置于交流电压 500 V 挡，合上 QB。

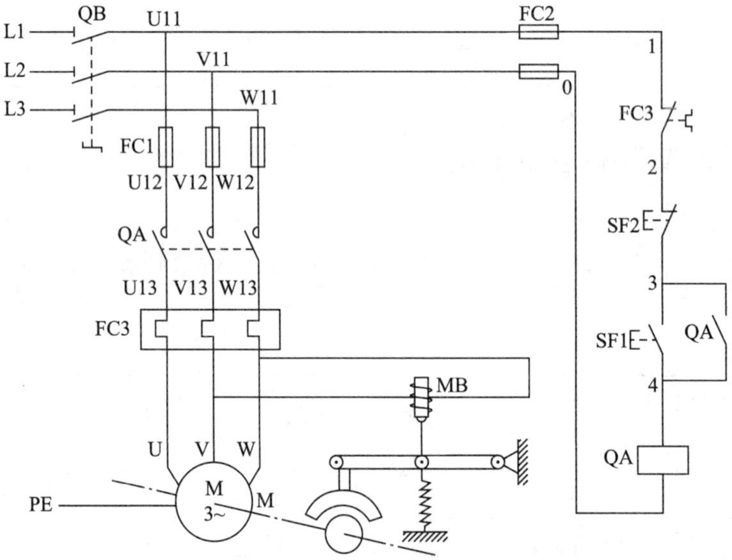

图 6-1-5　判断电路故障

写出测量流程：

3）根据故障点的不同情况，采取正确的修复方法迅速排除故障。

4）排除故障后通电试运行。

（2）分析并排除实训电路故障，在表 6-1-8 中做好记录。

表 6-1-8 实训电路的故障现象、检查方法、故障原因及处理方法

故障现象	检查方法	故障原因	处理方法
电动机启动后，电磁抱闸制动器闸瓦与闸轮过热			
电动机断电后电磁抱闸制动器不能立即制动			
电动机堵转			

五、检查与验收

1. 自检和互检

在表 6-1-9 中记录自检和互检情况。

表 6-1-9 自检和互检情况记录

检查项目	自检情况	互检情况
接线是否准确		
接线是否符合工艺要求		
电动机运行状态是否正常		

2. 验收

在表 6-1-10 中记录电路验收过程中的问题。

表 6-1-10 验收过程中的问题记录

存在问题	整改措施	完成时间

学习活动 3 评价与总结

学习目标

1. 能展示作业成果，回顾并总结各环节的关键技术。
2. 能完成本任务的综合评价。
3. 能对本任务进行归纳和总结。
4. 能复习并巩固整个任务的知识和技能要点。

建议学时：2 学时。

学习过程

一、展示与回顾

1. 成果展示

以小组为单位，选择实物、演示文稿、展板、海报、视频等形式中的一种或几种，向全班同学汇报学习过程，展示学习成果。

2. 过程回顾

各小组回顾每个学习活动的进展过程、现存问题、改进措施和验收交付等情况，提炼各个活动环节的关键技术。

二、综合评价

针对本任务的学习情况，根据表 6-1-11 所列综合评价标准进行评分。

表 6-1-11 综合评价

评价项目	评价内容及标准	配分/分	评分		
			自我评价（占比 30%）	小组评价（占比 30%）	教师评价（占比 40%）
工作组织和管理	团队合作，合理计划，高效管理时间	5			
	定期检查工作进展和成果	5			
沟通能力	与客户交流，完全理解其要求	10			

续表

评价项目	评价内容及标准	配分/分	评分		
			自我评价（占比30%）	小组评价（占比30%）	教师评价（占比40%）
计划能力	定期检查工作，将问题最小化	5			
	提出可行性建议，提高客户满意度	10			
安装能力	根据要求设计图样，正确选用元器件	10			
	按照相关技术标准完成电路的安装	20			
检修能力	使用、测试、校准测量设备	10			
	修复检查与验收中发现的问题	25			
学生姓名		综合评价得分			
指导教师		日期			

三、归纳和总结

回顾本任务的学习过程，从电路工作原理的分析，元器件布置图和接线图的绘制，工具、仪表和器材的准备，电路安装、检测和通电试运行及故障检修等方面进行归纳，对学习过程中出现的问题进行反思与总结，优化方案和策略。

四、复习巩固

1. 填空题

（1）所谓制动，就是给电动机一个与转动方向______的转矩使它迅速停转。制动的方法一般有__________和__________两大类。

（2）利用__________使电动机断开电源后迅速停转的方法称为机械制动。机械制动常用的方法有_______________制动和____________制动。

（3）制动电磁铁主要由______、______和______三部分组成。

（4）闸瓦制动器包括______、______、______和______等部分。

（5）MZD1 系列________________与 TJ2 系列____________配合使用，共同组成电磁抱闸制动器，分为______制动型和______制动型两种。

（6）断电制动型电磁抱闸制动器被广泛应用在__________上。其优点是能__________同时可防止电动机突然断电时重物的__________；缺点是________。

（7）安装电磁抱闸制动器时，要保证电动机轴伸出端上的制动闸轮与闸瓦制动器的抱闸机构在__________上，而且轴心要______。

（8）安装电磁抱闸制动器后，必须在切断电源的情况下先进行______，然后在通电试运行时再进行______。

（9）电磁离合器的制动原理和电磁抱闸制动器的制动原理类似，其主要区别是电磁离合器利用了动、静摩擦片之间产生足够大的________而实现制动。

（10）电磁离合器主要由__________、__________、__________以及__________等组成。

2. 选择题

（1）在电磁抱闸断电制动控制电路中，当电磁抱闸线圈（　　）时，电动机迅速停转。

A. 失电　　B. 得电　　C. 电流很大　　D. 短路

（2）起重机中所用的电磁制动器的工作情况为（　　）。

A. 通电时电磁抱闸将电动机抱住　　B. 断电时电磁抱闸将电动机抱住

C. A 和 B 两种情况都不是　　D. A 和 B 两种情况都可以

3. 判断题

（1）电动机采用制动措施是为了电动机停止转动时能保持平衡。（　　）

（2）电磁抱闸是起重机常用的电气制动方法。（　　）

（3）电磁抱闸制动用于机床在电动机未通电时，可以用手转动主轴调整。（　　）

4. 问答题

（1）若不采取任何制动措施，电动机在脱离电源后能否立即停转？为什么？

（2）断电制动型电磁抱闸制动器和通电制动型电磁抱闸制动器分别适用于哪些场合？

（3）断电制动型电磁抱闸制动器安装后如何调试才算合格？

（4）简述电磁离合器的制动原理。

任务2　反接制动控制电路的安装与检修

学习目标

1. 能正确地分析反接制动控制电路的工作原理。
2. 能根据电路情况，合理地选择速度继电器的型号和参数。
3. 能合理地安装并使用速度继电器。
4. 能按照工艺要求，正确地安装反接制动控制电路。
5. 能对反接制动控制电路的故障进行分析与检修。
6. 能自觉遵守6S规范，填写验收记录，清理场地，归置物品。

建议学时：8学时。

工作情境描述

某企业的T68型镗床主轴电动机制动控制电路已达到大修年限需要大修。学院组织相关专业学生对该设备按照一定的工艺进行大修，要求在2天内完成T68型镗床主轴电动机制动控制电路检修、元器件更换和重新安装接线，并对检修后的镗床进行试运行，将检验合格的镗床交付验收。

工作流程与活动

学习活动1　明确工作任务，进行施工前准备

学习活动2　现场施工

学习活动3　评价与总结

学习活动1　明确工作任务，进行施工前准备

学习目标

1. 能通过阅读工作任务联系单，明确任务内容及要求等信息。
2. 能分析反接制动控制电路的工作原理。
3. 能按照任务要求，通过查找相关资料，确定更换的元器件型号、规格和数量。
4. 能按照任务要求，制定工作实施方案。
5. 能按照任务要求，做好相关安全防护措施。

建议学时：2学时。

学习过程

一、阅读工作任务联系单

根据工作情境描述，阅读表6-2-1所示工作任务联系单，熟知本次任务的内容及要求等信息。

表6-2-1　工作任务联系单

检修项目	T68型镗床主轴电动机制动控制电路大修
任务内容	T68型镗床主轴电动机制动控制电路为三相异步电动机反接制动控制电路，考虑设备的使用状况和其控制电路特点，决定完成以下检修内容： 1. 更换T68型镗床主轴电动机制动控制电路中损坏和不符合要求的低压元器件，重新固定元器件并安装电路。 2. 按照设备大修工艺要求，对电路重新布线。 3. 对大修后的电路进行检测和通电试运行
工艺要求	

续表

检修项目	T68型镗床主轴电动机制动控制电路大修				
安全措施					
委托单位		责任人		承接时间	
		联系电话			
承接单位		责任人		完工时间	
		联系电话			
验收意见				验收人	

二、认识反接制动控制电路

通过观看T68型镗床的工作过程，了解反接制动控制电路。查看T68型镗床主轴电动机制动控制电路，了解组成该电路的低压电器。

1. 简述图6-2-1所示单向启动反接制动控制电路的工作原理。

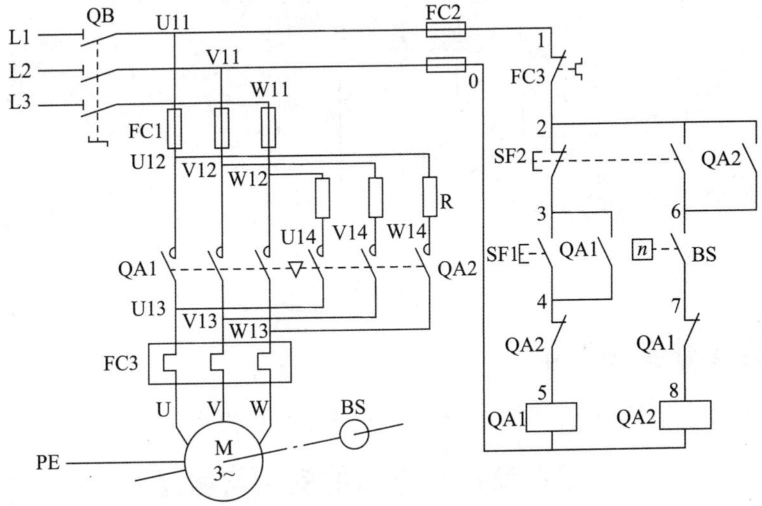

图6-2-1 单向启动反接制动控制电路

2. 根据图 6-2-1 所示电路，画出单向启动反接制动控制电路的元器件布置图和接线图。

3. 认识单向启动反接制动控制电路中的低压电器，在表 6-2-2 中补充所用元器件的名称、符号和在电路中的作用。

表 6-2-2　所用元器件的名称、符号和在电路中的作用

元器件	名称	符号	在电路中的作用

4. 写出速度继电器的型号及含义。

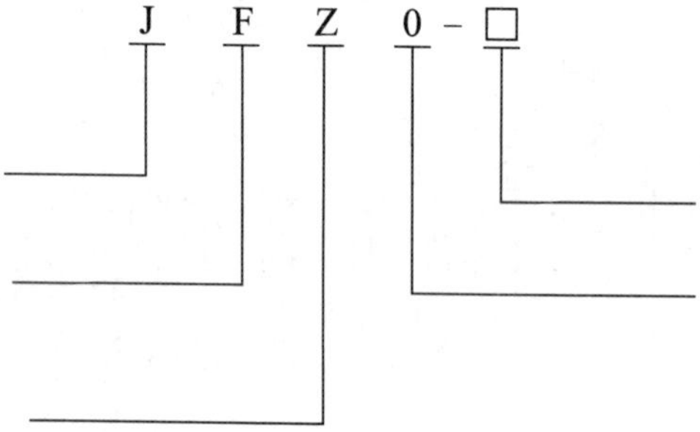

三、制定工作实施方案

通过工作实施方案的制定，明确任务分工和基本工序流程。

反接制动控制电路的安装与检修
工作实施方案

1. 施工流程

反接制动控制电路的安装与检修需要经历三个阶段：准备、安装、检查与测试。

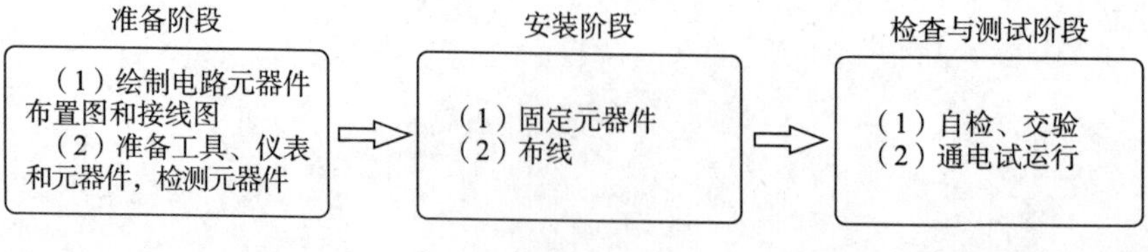

2. 人员分工

（1）小组负责人：__________

（2）小组成员及分工

姓名	分工

3. 工具、材料清单

类别	项目内容					备注
工具						
仪表						
元器件与器材	代号	名称	型号	规格	数量	

4. 工序及工期安排

序号	工作内容	完成时间	备注

学习活动 2　现场施工

学习目标

1. 能按照要求，在控制板上安装低压电气元件。
2. 能按照工艺要求，完成单向启动反接制动控制电路的布线。
3. 能检测单向启动反接制动控制电路并通电试运行。
4. 能对单向启动反接制动控制电路的故障进行分析与检修。
5. 能通过检查与验收查找电路存在的问题，及时改进。
6. 能自觉遵守 6S 规范，清理场地，归置物品。

建议学时：4 学时。

学习过程

一、根据元器件布置图安装低压电气元件

安装前先检查所有电气元件，确保所有电气元件的功能正常。将速度继电器的检查情况填写在表 6-2-3 中。注意电气元件的安装位置必须与元器件布置图一致。

表 6-2-3　速度继电器检查情况记录

速度继电器检查项目	结果描述
铭牌数据	
外观	
动作灵敏性	
通断情况	

二、按照接线图实施单向启动反接制动控制电路的布线

将电路布线过程记录在表 6-2-4 中。

表 6-2-4　电路布线过程记录

线号	两端的元器件代号	连接状态

三、自检、交验和通电试运行

1. 自检和交验

将自检操作过程记录在表 6-2-5 中。若自检无误，待教师签字后，电路可以通电试运行。

表 6-2-5　自检操作过程记录

<table>
<tr><th colspan="3">检测步骤</th><th>存在问题</th><th>解决方法</th></tr>
<tr><td colspan="3">对照接线图，检查各端子线号</td><td></td><td></td></tr>
<tr><td rowspan="5">用万用表检查电路的通断情况</td><td colspan="2">检查主电路</td><td></td><td></td></tr>
<tr><td rowspan="4">检查控制电路</td><td>检查启动控制</td><td></td><td></td></tr>
<tr><td>检查接触器自锁、联锁</td><td></td><td></td></tr>
<tr><td>检查停机制动控制</td><td></td><td></td></tr>
<tr><td>检查速度继电器触头动作情况</td><td></td><td></td></tr>
<tr><td colspan="3">用兆欧表检查电路的绝缘电阻</td><td></td><td></td></tr>
</table>

自检和交验人：　　　　　　　　　　　　　　　　　　复核教师：

2. 通电试运行

通电前要进行电路安全检查，并在表 6-2-6 中做好通电试运行过程记录。

表 6-2-6　通电试运行过程记录

通电试运行步骤	通电试运行现象	是否存在问题	解决方法

四、检修单向启动反接制动控制电路

1. 熟悉任务流程

参照教材中的任务流程图，熟悉本任务的主要工作步骤。

2. 判断故障并排除

（1）常见故障举例

故障现象：按下停止按钮 SF2 后，QA1 失电释放，但 QA2 不吸合。

1）找出故障范围：根据故障现象分析出故障范围，在图 6-2-2 中标出故障范围。

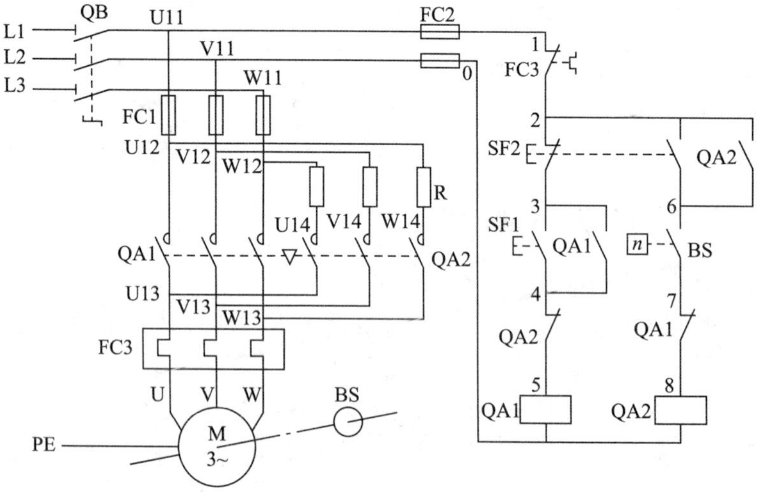

图 6-2-2　判断电路故障

2）排查故障点：用测量法（电压法）准确而迅速地找出故障点。注意：测量时将万用表置于交流电压 500 V 挡，合上 QB。

写出测量流程：

3）根据故障点的不同情况，采用正确的修复方法迅速排除故障。

4）排除故障后通电试运行。

（2）分析并排除实训电路故障，在表 6-2-7 中做好记录。

表 6-2-7　实训电路的故障现象、检查方法、故障原因及处理方法

故障现象	检查方法	故障原因	处理方法
按下停止按钮 SF2，QA1 失电释放，但电动机 M 没有制动			
制动效果不显著			
制动后电动机反转			
制动时电动机振动过大			

五、检查与验收

1. 自检和互检

在表 6-2-8 中记录自检和互检情况。

表 6-2-8　自检和互检情况记录

检查项目	自检情况	互检情况
接线是否准确		
接线是否符合工艺要求		
电动机运行状态是否正常		

2. 验收

在表 6-2-9 中记录电路验收过程中的问题。

表 6-2-9　验收过程中的问题记录

存在问题	整改措施	完成时间

学习活动 3　评价与总结

学习目标

1. 能展示作业成果，回顾并总结各环节的关键技术。
2. 能完成本任务的综合评价。
3. 能对本任务进行归纳和总结。
4. 能复习并巩固整个任务的知识和技能要点。

建议学时：2 学时。

学习过程

一、展示与回顾

1. 成果展示

以小组为单位，选择实物、演示文稿、展板、海报、视频等形式中的一种或几种，向全班同学汇报学习过程，展示学习成果。

2. 过程回顾

各小组回顾每个学习活动的进展过程、现存问题、改进措施和验收交付等情况，提炼各个活动环节的关键技术。

二、综合评价

针对本任务的学习情况，根据表 6-2-10 所列综合评价标准进行评分。

表 6-2-10　综合评价

评价项目	评价内容及标准	配分/分	评分		
			自我评价（占比 30%）	小组评价（占比 30%）	教师评价（占比 40%）
工作组织和管理	团队合作，合理计划，高效管理时间	5			
	定期检查工作进展和成果	5			
沟通能力	与客户交流，完全理解其要求	10			

续表

评价项目	评价内容及标准	配分/分	评分		
			自我评价（占比30%）	小组评价（占比30%）	教师评价（占比40%）
计划能力	定期检查工作，将问题最小化	5			
	提出可行性建议，提高客户满意度	10			
安装能力	根据要求设计图样，正确选用元器件	10			
	按照相关技术标准完成电路的安装	20			
检修能力	使用、测试、校准测量设备	10			
	修复检查与验收中发现的问题	25			
学生姓名		综合评价得分			
指导教师		日期			

三、归纳和总结

回顾本任务的学习过程，从电路工作原理的分析，元器件布置图和接线图的绘制，工具、仪表和器材的准备，电路安装、检测和通电试运行及故障检修等方面进行归纳，对学习过程中出现的问题进行反思与总结，优化方案和策略。

四、复习巩固

1. 填空题

（1）使电动机在切断电源停转的过程中产生一个和电动机实际旋转方向______的电磁力矩，迫使电动机迅速制动停转的方法称为电力制动。

（2）电力制动常用的方法有_________、_________、_________和__________等。

（3）反接制动是依靠改变电动机定子绕组的电源______来产生制动力矩，迫使电动机迅速停转的。

（4）在反接制动设施中，为保证电动机的转速被制动到接近____时能迅速切断电源，防止反向启动，常利用____________来自动地及时切断电源。

（5）反接制动适用于______kW 以下小容量电动机的制动，并且对______kW 以上的电动机进行反接制动时，需在定子绕组回路中串入____________，以限制反接制动电流。

2. 选择题

（1）反接制动时，旋转磁场与转子的相对运动速度很大，致使定子绕组中的电流一般为额定电流的（　　）倍左右。

A. 5　　B. 7　　C. 10　　D. 15

（2）反接制动时，旋转磁场反向，与电动机转动方向（　　）。

A. 相反　　B. 相同　　C. 不变　　D. 不确定

（3）速度继电器一般用于三相异步电动机的（　　）。

A. 正反转控制　　B. 多地控制　　C. 反接制动控制　　D. 能耗制动控制

3. 判断题

（1）速度继电器的触头状态决定于其线圈是否得电。（　　）

（2）在反接制动控制电路中，必须采用以时间为变化参量进行控制。（　　）

（3）反接制动时由于制动电流较大，对电动机产生的冲击也比较大。因此，反接制动时应在定子回路中串入限流电阻，而且仅适用于小功率异步电动机的制动。（　　）

4. 问答题

能否在已安装好单向启动反接制动控制电路的控制板上加装一只中间继电器 KF（型号为 J27-44，额定电流为 5 A，吸引线圈电压为 380 V），使之改装成图 6-2-3 所示的控制电路？简述该控制电路的工作原理。

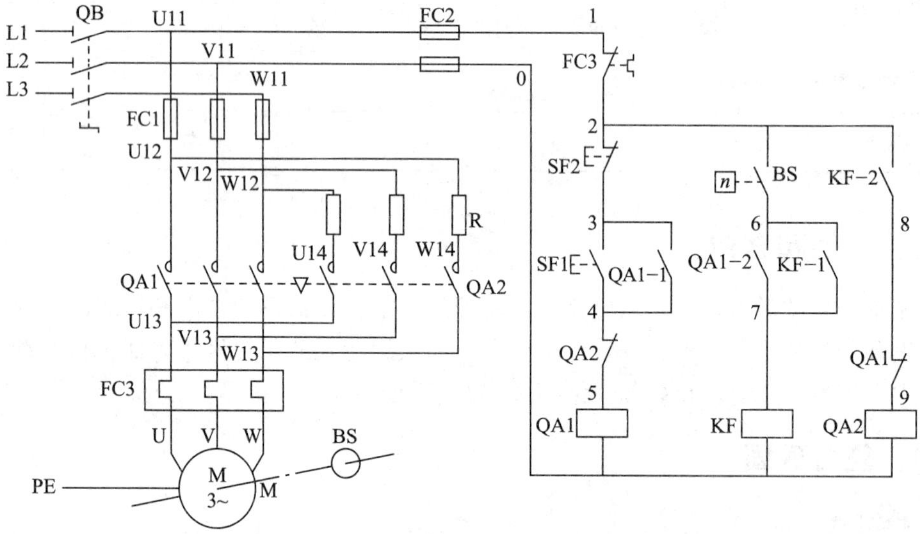

图 6-2-3　单向启动反接制动控制电路

任务 3 能耗制动控制电路的安装与检修

学习目标

1. 能正确分析能耗制动控制电路的工作原理。
2. 能按照工艺要求，正确地安装能耗制动控制电路。
3. 能对能耗制动控制电路的故障进行分析与检修。
4. 能自觉遵守 6S 规范，填写验收记录，清理场地，归置物品。

建议学时：8 学时。

工作情境描述

某企业的 C5225 型车床主轴电动机制动控制电路已达到大修年限需要大修。学院组织相关专业学生对该设备按照一定的工艺进行大修，要求在 2 天内完成 C5225 型车床主轴电动机制动控制电路检修、元器件更换和重新安装接线，并对检修后的车床进行试运行，将检验合格的车床交付验收。

工作流程与活动

学习活动 1 明确工作任务，进行施工前准备

学习活动 2 现场施工

学习活动 3 评价与总结

学习活动 1　明确工作任务，进行施工前准备

学习目标

1. 能通过阅读工作任务联系单，明确任务内容及要求等信息。
2. 能分析能耗制动控制电路的工作原理。
3. 能按照任务要求，通过查找相关资料，确定更换元器件的型号、规格和数量。
4. 能按照任务要求，制定工作实施方案。
5. 能按照任务要求，做好相关安全防护措施。

建议学时：2 学时。

学习过程

一、阅读工作任务联系单

根据工作情境描述，阅读表 6-3-1 所示工作任务联系单，熟知本次任务的内容及要求等信息。

表 6-3-1　工作任务联系单

检修项目	C5225 型车床主轴电动机制动控制电路大修
任务内容	C5225 型车床主轴电动机制动控制电路为三相异步电动机能耗制动控制电路，考虑设备使用状况和其控制电路特点，决定完成以下检修内容： 1. 更换 C5225 型车床主轴电动机制动控制电路中损坏和不符合要求的低压元器件，重新固定元器件并安装电路。 2. 按照设备大修工艺要求，对电路重新布线。 3. 对大修后的电路进行检测和通电试运行
工艺要求	

续表

<table>
<tr><td>检修项目</td><td colspan="5">C5225 型车床主轴电动机制动控制电路大修</td></tr>
<tr><td>安全措施</td><td colspan="5"></td></tr>
<tr><td rowspan="2">委托单位</td><td rowspan="2"></td><td>责任人</td><td></td><td rowspan="2">承接时间</td><td rowspan="2"></td></tr>
<tr><td>联系电话</td><td></td></tr>
<tr><td rowspan="2">承接单位</td><td rowspan="2"></td><td>责任人</td><td></td><td rowspan="2">完工时间</td><td rowspan="2"></td></tr>
<tr><td>联系电话</td><td></td></tr>
<tr><td>验收意见</td><td colspan="3"></td><td>验收人</td><td></td></tr>
</table>

二、认识无变压器单相半波整流能耗制动自动控制电路

通过观看 C5225 型车床的工作过程，了解能耗制动控制电路。

1. 简述图 6-3-1 所示无变压器单相半波整流能耗制动自动控制电路的工作原理。

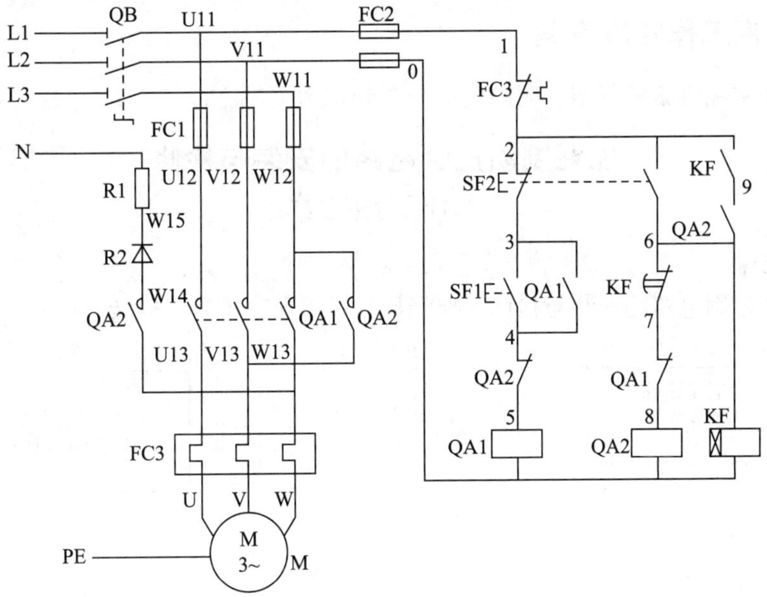

图 6-3-1 无变压器单相半波整流能耗制动自动控制电路

2. 根据图 6-3-1 所示电路，画出无变压器单相半波整流能耗制动自动控制电路的元器件布置图和接线图。

三、制定工作实施方案

通过工作实施方案的制定，明确任务分工和基本工序流程。

能耗制动控制电路的安装与检修
工作实施方案

1. 施工流程

能耗制动控制电路的安装与检修需要经历三个阶段：准备、安装、检查与测试。

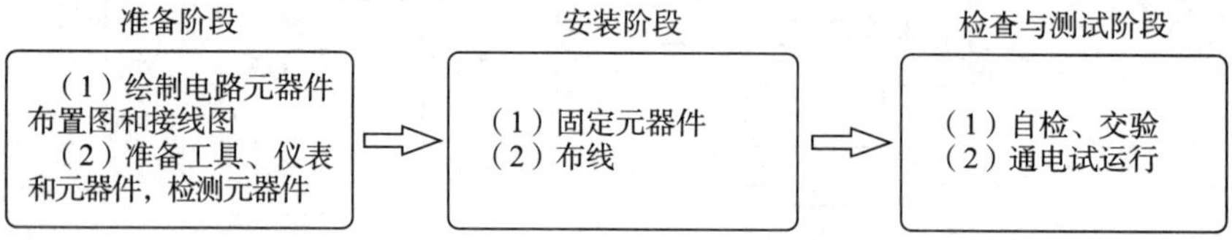

2. 人员分工

（1）小组负责人：__________

（2）小组成员及分工

姓名	分工

3. 工具、材料清单

类别	项目内容					备注
工具						
仪表						
元器件与器材	代号	名称	型号	规格	数量	

4. 工序及工期安排

序号	工作内容	完成时间	备注

学习活动 2　现场施工

学习目标

1. 能按照要求，在控制板上安装低压电气元件。
2. 能按照工艺要求，完成能耗制动控制电路的布线。
3. 能检测能耗制动控制电路并通电试运行。
4. 能对能耗制动控制电路的故障进行分析与检修。
5. 能通过检查与验收查找电路存在的问题，及时改进。
6. 能自觉遵守 6S 规范，清理场地，归置物品。

建议学时：4 学时。

学习过程

一、根据元器件布置图安装低压电气元件

安装前先检查所有电气元件，确保所有电气元件的功能正常。注意电气元件的安装位置必须与元器件布置图一致。

二、按照接线图实施能耗制动控制电路布线

将电路布线过程记录在表 6-3-2 中。

表 6-3-2　电路布线过程记录

线号	两端的元器件代号	连接状态

三、自检、交验和通电试运行

1. 自检和交验

将自检操作过程记录在表6-3-3中。若自检无误，待教师签字后，电路可以通电试运行。

表6-3-3　自检操作过程记录

<table>
<tr><th colspan="3">检测步骤</th><th>存在问题</th><th>解决方法</th></tr>
<tr><td colspan="3">对照接线图，检查各端子线号</td><td></td><td></td></tr>
<tr><td rowspan="6">用万用表检查电路的通断情况</td><td colspan="2">检查主电路</td><td></td><td></td></tr>
<tr><td rowspan="4">检查控制电路</td><td>检查启动控制</td><td></td><td></td></tr>
<tr><td>检查接触器自锁和联锁</td><td></td><td></td></tr>
<tr><td>检查能耗制动</td><td></td><td></td></tr>
<tr><td>检查停机控制</td><td></td><td></td></tr>
<tr><td colspan="3">用兆欧表检查电路的绝缘电阻</td><td></td><td></td></tr>
</table>

自检和交验人：　　　　　　　　　　　　　　　　　　复核教师：

2. 通电试运行

通电前要进行电路安全检查，并在表6-3-4中做好通电试运行过程记录。

表6-3-4　通电试运行过程记录

通电试运行步骤	通电试运行现象	是否存在问题	解决方法

四、检修单向启动反接制动控制电路

1. 熟悉任务流程

参照教材中的任务流程图，熟悉本任务的主要工作步骤。

2. 判断故障并排除

（1）常见故障举例

故障现象：按下停止按钮SF2后，KF、QA2线圈吸合，但电动机M不能制动。

1）找出故障范围：根据故障现象分析得出故障范围，在图6-3-2a中标出故障范围。故障范围通电路径如图6-3-2b所示。

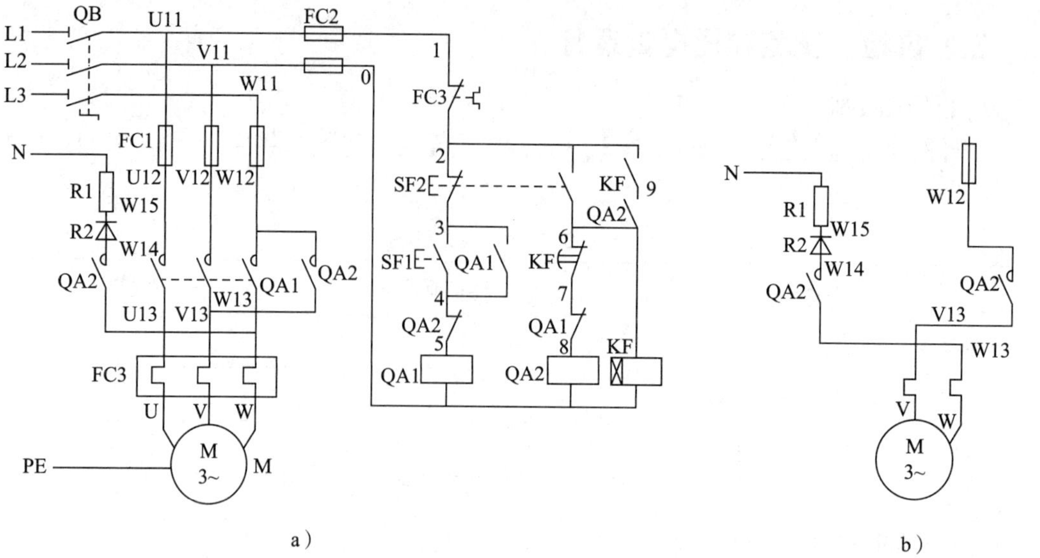

图6-3-2　判断电路故障

通电路径为：W12—QA2 主触头—V13—FC3 热元件—V 相电动机定子绕组—W—FC3 热元件—W13—QA2 主触头—W14—二极管 R2—W15—R1—N。

2）排查故障点：用电阻测量法迅速而准确地找出故障点。注意：测量时将万用表置于电阻挡（$R\times1$k），并按下 QA2 触头架，使 QA2 常开触头闭合。

写出测量流程：

3）根据故障点的不同情况，采取正确的修复方法迅速排除故障。

4）排除故障后通电试运行。

（2）分析并排除实训电路故障，在表 6-3-5 中做好记录。

表 6-3-5　实训电路的故障现象、检查方法、故障原因及处理方法

故障现象	检查方法	故障原因	处理方法
按下停止按钮 SF2，接触器 QA2 不吸合，电动机不能制动			
按下停止按钮 SF2，接触器 QA2 吸合，电动机不能制动			
按下停止按钮 SF2，接触器 QA2 吸合；松开停止按钮 SF2，接触器 QA2 复位，电动机制动为点动控制			

五、检查与验收

1. 自检和互检

在表 6-3-6 中记录自检和互检情况。

表 6-3-6　自检和互检情况记录

检查项目	自检情况	互检情况
接线是否准确		
接线是否符合工艺要求		
电动机运行状态是否正常		

2. 验收

在表 6-3-7 中记录电路验收过程中的问题。

表 6-3-7　验收过程中的问题记录

存在问题	整改措施	完成时间

学习活动 3　评价与总结

学习目标

1. 能展示作业成果，回顾并总结各环节的关键技术。
2. 能完成本任务的综合评价。
3. 能对本任务进行归纳和总结。
4. 能复习并巩固整个任务的知识和技能要点。

建议学时：2 学时。

学习过程

一、展示与回顾

1. 成果展示

以小组为单位，选择实物、演示文稿、展板、海报、视频等形式中的一种或几种，向全班同学汇报学习过程，展示学习成果。

2. 过程回顾

各小组回顾每个学习活动的进展过程、现存问题、改进措施和验收交付等情况，提炼各个活动环节的关键技术。

二、综合评价

针对本任务的学习情况，根据表 6-3-8 所列综合评价标准进行评分。

表 6-3-8　综合评价

评价项目	评价内容及标准	配分/分	评分		
			自我评价（占比30%）	小组评价（占比30%）	教师评价（占比40%）
工作组织和管理	团队合作，合理计划，高效管理时间	5			
	定期检查工作进展和成果	5			
沟通能力	与客户交流，完全理解其要求	10			
计划能力	定期检查工作，将问题最小化	5			
	提出可行性建议，提高客户满意度	10			
安装能力	根据要求设计图样，正确选用元器件	10			
	按照相关技术标准完成电路的安装	20			
检修能力	使用、测试、校准测量设备	10			
	修复检查与验收中发现的问题	25			
学生姓名		综合评价得分			
指导教师		日期			

三、归纳和总结

回顾本任务的学习过程，从电路工作原理的分析，元器件布置图和接线图的绘制，工具、仪表和器材的准备，电路安装、检测和通电试运行及故障检修等方面进行归纳，对学习过程中出现的问题进行反思与总结，优化方案和策略。

四、复习巩固

1. 填空题

（1）能耗制动又称__________，是当电动机切断交流电源后，立即在定子绕组的任意两相中通入________，迫使电动机迅速停转的方法。

（2）能耗制动的优点是制动______、______，且能量消耗______；缺点是需要附加装置，设备费用较高，制动力较弱，在低速时制动转矩____。

（3）能耗制动一般用于要求______、______的场合，如磨床、立式铣床的控制电路中。

2. 选择题

（1）对于要求制动准确、平稳的场合，应采用（　　）制动。

A. 反接　　B. 能耗　　C. 电容　　D. 再生发电

（2）能耗制动适用于三相异步电动机（　　）的场合。

A. 容量较大、制动频繁　　B. 容量较大、制动不频繁

C. 容量较小、制动频繁　　D. 容量较小、制动不频繁

（3）三相异步电动机采用能耗制动时，当切断电源后，将（　　）。

A. 转子回路串入电阻　　B. 定子任意两相绕组进行反接

C. 转子绕组进行反接　　D. 定子绕组送入直流电

3. 判断题

（1）能耗制动的制动转矩与通入定子绕组中的直流电流成正比，因此电流越大越好。（　　）

（2）在时间原则控制的能耗制动控制电路中，时间继电器整定时间过长会引起定子绕组过热。（　　）

（3）在速度原则控制的能耗制动控制电路中，速度继电器常开触头的作用是避免电动机反转。（　　）

（4）三相异步电动机至少有两相定子绕组通入直流电源，才能实现能耗制动。（　　）

4. 问答题

图 6-3-3 所示为有变压器单相桥式整流单向启动能耗制动控制电路，电路中哪些地方画错了？找出并改正。

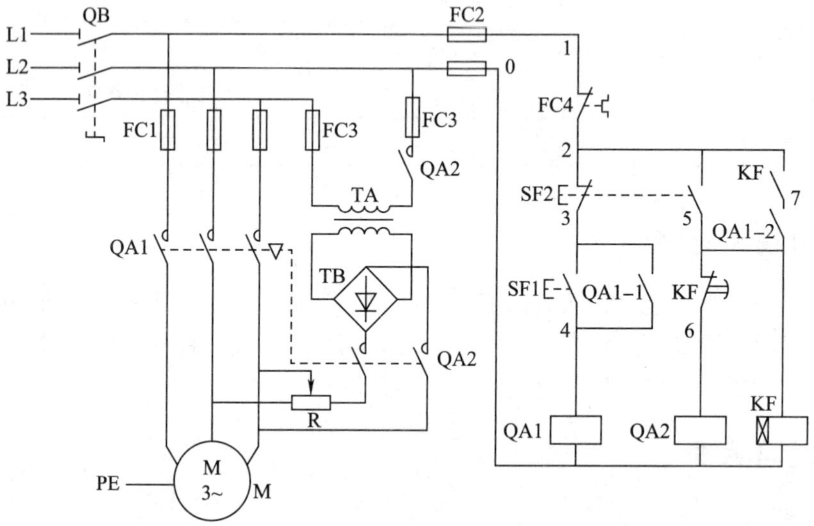

图 6-3-3　有变压器单相桥式整流单向启动能耗制动控制电路

课题七 多速异步电动机调速控制电路的安装与检修

任务 1 双速异步电动机调速控制电路的安装与检修

学习目标

1. 能正确地分析双速异步电动机调速控制电路的工作原理。
2. 能按照工艺要求，正确地安装双速异步电动机调速控制电路。
3. 能对双速异步电动机调速控制电路的故障进行分析与检修。
4. 能自觉遵守 6S 规范，填写验收记录，清理场地，归置物品。

建议学时：8 学时。

工作情境描述

某企业的 T68 型镗床主轴电动机采用的是双速异步电动机，因长期使用，其电气元件老化，学院组织相关专业学生对该设备按照一定的工艺进行大修，要求在 8 天内完成双速异步电动机调速控制电路检修、元器件更换和重新安装接线，并对维修后的镗床进行试运行，将检验合格的镗床交付验收。

工作流程与活动

学习活动 1　明确工作任务，进行施工前准备
学习活动 2　现场施工
学习活动 3　评价与总结

学习活动 1　明确工作任务，进行施工前准备

学习目标

1. 能通过阅读工作任务联系单，明确任务内容及要求等信息。
2. 能分析双速异步电动机调速控制电路的工作原理。
3. 能按照任务要求，通过查找相关资料，确定更换元器件的型号、规格和数量。
4. 能按照任务要求，制定工作实施方案。
5. 能按照任务要求，做好相关安全防护措施。

建议学时：2 学时。

学习过程

一、阅读工作任务联系单

根据工作情境描述，阅读表 7-1-1 所示工作任务联系单，熟知本次任务的内容及要求等信息。

表 7-1-1　工作任务联系单

检修项目	T68 型镗床主轴电动机控制电路大修				
任务内容	T68 型镗床主轴电动机控制电路为时间继电器控制双速异步电动机调速控制电路，考虑 T68 型镗床的使用状况和其控制电路特点，决定完成以下检修内容： 1. 更换 T68 型镗床主轴电动机控制电路中损坏和不符合要求的低压元器件，重新固定元器件并安装电路。 2. 按照设备大修工艺要求，对电路进行重新布线。 3. 对大修后的电路进行检测和通电试运行				
工艺要求					
安全措施					
委托单位		责任人		承接时间	
		联系电话			
承接单位		责任人		完工时间	
		联系电话			
验收意见				验收人	

二、认识双速异步电动机调速控制电路

通过观看 T68 型镗床的工作过程，了解双速异步电动机调速控制电路。

1. 将图 7-1-1b 中双速异步电动机的接线端子按照△接法接到定子绕组，将图 7-1-1c 中双速异步电动机的接线端子按照YY接法接到定子绕组。

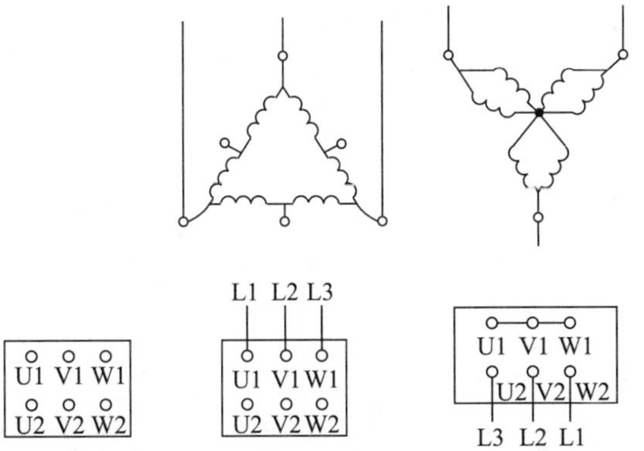

a）　b）　c）

图 7-1-1　双速异步电动机三相定子绕组△/YY接线

a）接线盒　b）低速-△接法　c）高速-YY接法

2. 简述图 7-1-2 所示时间继电器控制双速异步电动机调速控制电路的工作原理。

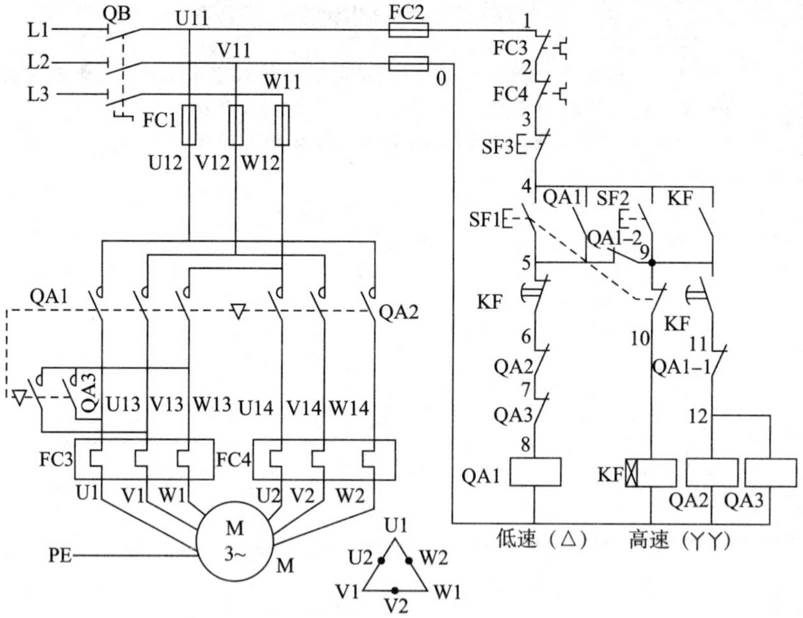

图 7-1-2　时间继电器控制双速异步电动机调速控制电路

3. 根据图 7-1-2 所示电路，画出时间继电器控制双速异步电动机调速控制电路的元器件布置图和接线图。

三、制定工作实施方案

通过工作实施方案的制定，明确任务分工和基本工序流程。

双速异步电动机调速控制电路的安装与检修
工作实施方案

1. 施工流程

双速异步电动机调速控制电路的安装与检修需要经历三个阶段：准备、安装、检查与测试。

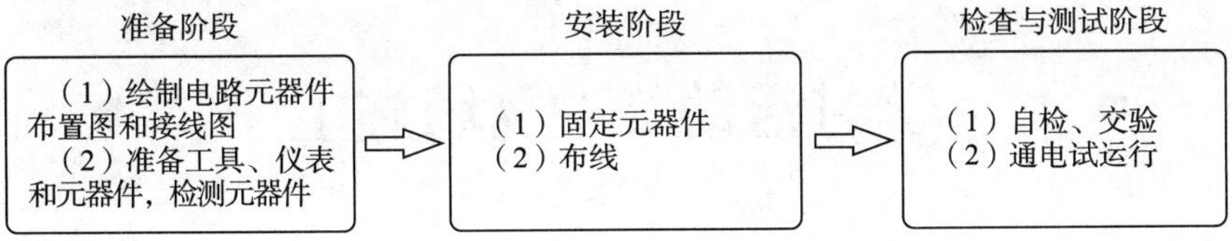

2. 人员分工

（1）小组负责人：__________

（2）小组成员及分工

姓名	分工

3. 工具、材料清单

<table>
<tr><th>类别</th><th colspan="5">项目内容</th><th>备注</th></tr>
<tr><td>工具</td><td colspan="5"></td><td></td></tr>
<tr><td>仪表</td><td colspan="5"></td><td></td></tr>
<tr><td rowspan="11">元器件与器材</td><td>代号</td><td>名称</td><td>型号</td><td>规格</td><td>数量</td><td rowspan="11"></td></tr>
<tr><td></td><td></td><td></td><td></td><td></td></tr>
<tr><td></td><td></td><td></td><td></td><td></td></tr>
<tr><td></td><td></td><td></td><td></td><td></td></tr>
<tr><td></td><td></td><td></td><td></td><td></td></tr>
<tr><td></td><td></td><td></td><td></td><td></td></tr>
<tr><td></td><td></td><td></td><td></td><td></td></tr>
<tr><td></td><td></td><td></td><td></td><td></td></tr>
<tr><td></td><td></td><td></td><td></td><td></td></tr>
<tr><td></td><td></td><td></td><td></td><td></td></tr>
<tr><td></td><td></td><td></td><td></td><td></td></tr>
</table>

4. 工序及工期安排

序号	工作内容	完成时间	备注

学习活动 2　现场施工

学习目标

1. 能按照要求，在控制板上安装低压电气元件。
2. 能按照工艺要求，完成时间继电器控制双速异步电动机调速控制电路的布线。
3. 能检测时间继电器控制双速异步电动机调速控制电路并通电试运行。
4. 能对时间继电器控制双速异步电动机调速控制电路的故障进行分析与检修。
5. 能通过检查与验收查找电路存在的问题，及时改进。
6. 能自觉遵守 6S 规范，清理场地，归置物品。

建议学时：4 学时。

学习过程

一、根据元器件布置图安装低压电气元件

安装前先检查所有电气元件，确保所有电气元件的功能正常。注意电气元件的安装位置必须与元器件布置图一致。

二、按照接线图实施时间继电器控制双速异步电动机调速控制电路的布线

将电路布线过程记录在表 7-1-2 中。

表 7-1-2　电路布线过程记录

线号	两端的元器件代号	连接状态

三、自检、交验和通电试运行

1. 自检和交验

将自检操作过程记录在表 7-1-3 中。若自检无误，待教师签字后，电路可以通电试运行。

表 7-1-3　自检操作过程记录

<table>
<tr><th colspan="3">检测步骤</th><th>存在问题</th><th>解决方法</th></tr>
<tr><td colspan="3">对照接线图，检查各端子线号</td><td></td><td></td></tr>
<tr><td rowspan="4">用万用表检查电路的通断情况</td><td rowspan="2">检查主电路</td><td>检查各相通路</td><td></td><td></td></tr>
<tr><td>检查△/YY转换通路</td><td></td><td></td></tr>
<tr><td rowspan="2">检查控制电路</td><td>检查△形低速启动及停机</td><td></td><td></td></tr>
<tr><td>检查YY形高速运转</td><td></td><td></td></tr>
<tr><td colspan="3">用兆欧表检查电路的绝缘电阻</td><td></td><td></td></tr>
</table>

自检和交验人：　　　　　　　　　　　　　　　　　　　　　　复核教师：

2. 通电试运行

通电前要进行电路安全检查，并在表 7-1-4 中做好通电试运行过程记录。

表 7-1-4　通电试运行过程记录

通电试运行步骤	通电试运行现象	是否存在问题	解决方法

四、检修时间继电器控制双速异步电动机调速控制电路

1. 熟悉任务流程

参照教材中的任务流程图，熟悉本任务的主要工作步骤。

2. 判断故障并排除

（1）常见故障举例

故障现象：按下 SF1 后，双速电动机能△形低速启动；按下 SF2 延时后，QA1 断电，QA1、QA3 不能得电吸合。

1）找出故障范围：根据故障现象分析出故障范围，在图 7-1-3 中标出故障范围。

2）排查故障点：用测量法（电压法）准确而迅速地找出故障点。注意：测量时将万用表置于交流电压 500V 挡，合上 QB。

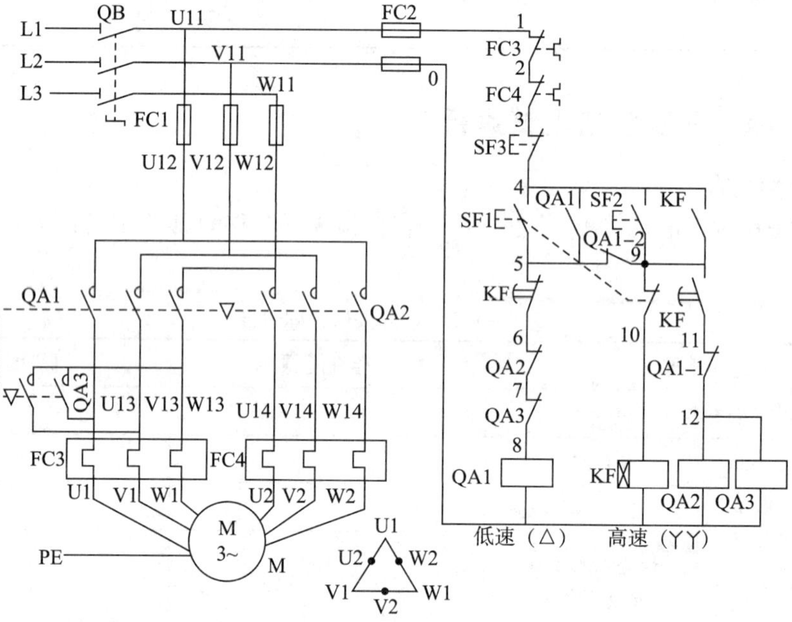

图 7-1-3　判断电路故障

写出测量流程：

3）根据故障点的不同情况，采取正确的修复方法迅速排除故障。

4）排除故障后通电试运行。

（2）分析并排除实训电路故障，在表 7-1-5 中做好记录。

表 7-1-5　实训电路的故障现象、检查方法、故障原因及处理方法

故障现象	检查方法	故障原因	处理方法
电动机低速、高速都不运行			
电动机低速运行正常、高速不运行			

五、检查与验收

1. 自检和互检

在表 7-1-6 中记录自检和互检情况。

表 7-1-6　自检和互检情况记录

检查项目	自检情况	互检情况
接线是否准确		
接线是否符合工艺要求		
电动机运行状态是否正常		

2. 验收

在表 7-1-7 中记录电路验收过程中的问题。

表 7-1-7　验收过程中的问题记录

存在问题	整改措施	完成时间

学习活动 3 评价与总结

学习目标

1. 能展示作业成果，回顾并总结各环节的关键技术。
2. 能完成本任务的综合评价。
3. 能对本任务进行归纳和总结。
4. 能复习并巩固整个任务的知识和技能要点。

建议学时：2 学时。

学习过程

一、展示与回顾

1. 成果展示

以小组为单位，选择实物、演示文稿、展板、海报、视频等形式中的一种或几种，向全班同学汇报学习过程，展示学习成果。

2. 过程回顾

各小组回顾每个学习活动的进展过程、现存问题、改进措施和验收交付等情况，提炼各个活动环节的关键技术。

二、综合评价

针对本任务的学习情况，根据表 7-1-8 所列综合评价标准进行评分。

表 7-1-8 综合评价

评价项目	评价内容及标准	配分/分	评分		
			自我评价（占比 30%）	小组评价（占比 30%）	教师评价（占比 40%）
工作组织和管理	团队合作，合理计划，高效管理时间	5			
	定期检查工作进展和成果	5			
沟通能力	与客户交流，完全理解其要求	10			

续表

评价项目	评价内容及标准	配分/分	评分		
			自我评价（占比30%）	小组评价（占比30%）	教师评价（占比40%）
计划能力	定期检查工作，将问题最小化	5			
	提出可行性建议，提高客户满意度	10			
安装能力	根据要求设计图样，正确选用元器件	10			
	按照相关技术标准完成电路的安装	20			
检修能力	使用、测试、校准测量设备	10			
	修复检查与验收中发现的问题	25			
学生姓名		综合评价得分			
指导教师		日期			

三、归纳和总结

回顾本任务的学习过程，从电路工作原理的分析，元器件布置图和接线图的绘制，工具、仪表和器材的准备，电路安装、检测和通电试运行及故障检修等方面进行归纳，对学习过程中出现的问题进行反思与总结，优化方案和策略。

四、复习巩固

1. 填空题

（1）三相异步电动机的调速方法有三种：一是改变_________调速，二是改变_________调速，三是改变_________调速。

（2）改变异步电动机的_________调速称为变极调速。变极调速是通过改变电动机的_________连接方式来实现的。

（3）变极调速是____级调速，只适用于______异步电动机。

（4）凡_________可改变的电动机称为多速电动机。常见的多速电动机有______、______、______等几种类型。

（5）双速异步电动机的定子绕组共有____个出线端，可作____和____两种连接方式，电动机低速时定子绕组接成____形，高速时定子绕组接成______形。

（6）双速异步电动机的定子绕组接成△形时，磁极为____极，同步转速为______r/min；接成YY形时，磁极为____极，同步转速为______r/min。

2. 选择题

（1）三相异步电动机电气调速的方法有（　　）种。

A. 2　　B. 3　　C. 4　　D. 5

（2）三相异步电动机变极调速的方法一般只适用于（　　）。

A. 笼型异步电动机　　B. 绕线转子异步电动机

C. 同步电动机　　D. 滑差电动机

（3）双速电动机的调速属于（　　）的调速方法。

A. 变频　　B. 改变转差率

C. 改变磁极对数　　D. 降低电压

（4）双速电动机高速运转时，定子绕组出线端的连接方式应为（　　）。

A. U1、V1、W1 接三相电源，U2、V2、W2 空着不接

B. U2、V2、W2 接三相电源，U1、V1、W1 空着不接

C. U2、V2、W2 接三相电源，U1、V1、W1 并接在一起

D. U1、V1、W1 接三相电源，U2、V2、W2 并接在一起

（5）双速电动机高速运转时的转速是低速运转时转速的（　　）倍。

A. 1　　B. 2　　C. 3　　D. 4

3. 判断题

（1）三相异步电动机的变极调速属于有级调速。（　　）

（2）只要在绕线转子异步电动机转子电路中接入调速电阻，通过改变电阻的大小就可以实现平滑调速。（　　）

（3）绕线转子异步电动机转子电路中接入电阻调速，属于变转差率的调速方法。（　　）

（4）改变定子电压调速只适用于三相笼型异步电动机调速。（　　）

4. 问答题

图 7-1-4 所示是时间继电器控制双速异步电动机自动加速控制电路，简述其工作原理。

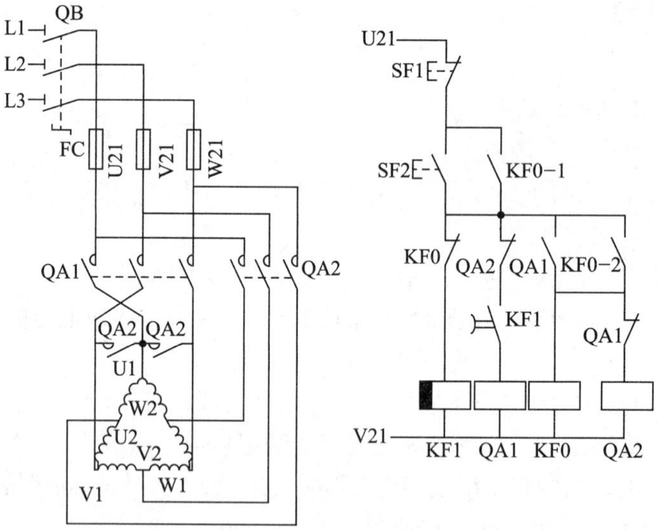

图 7-1-4　时间继电器控制双速异步电动机自动加速控制电路

任务 2　三相异步电动机变频调速控制电路的安装与检修

学习目标

1. 能正确地分析三相异步电动机变频调速控制电路的工作原理。
2. 能根据电路情况，合理地设置变频器的参数。
3. 能按照工艺要求，正确地安装三相异步电动机变频调速控制电路。
4. 能根据变频器常见故障代码，确定故障位置并排除。
5. 能自觉遵守 6S 规范，填写验收记录，清理场地，归置物品。

建议学时：8 学时。

工作情境描述

某企业的机床变频器因长期使用已损坏，学院组织相关专业学生按照一定的工艺进行大修，要求在 2 天内完成变频器调速控制电路检修、元器件更换、重新安装接线以及设定参数，并对检修后的变频器进行试运行，将检验合格的变频器交付验收。

工作流程与活动

学习活动 1　明确工作任务，进行施工前准备

学习活动 2　现场施工

学习活动 3　评价与总结

学习活动 1 明确工作任务，进行施工前准备

学习目标

1. 能通过阅读工作任务联系单，明确任务内容及要求等信息。
2. 能分析三相异步电动机变频调速控制电路的工作原理。
3. 能按照任务要求，通过查找相关资料，确定更换元器件的型号、规格和数量。
4. 能按照任务要求，制定工作实施方案。
5. 能按照任务要求，做好相关安全防护措施。

建议学时：2 学时。

学习过程

一、阅读工作任务联系单

根据工作情境描述，阅读表 7-2-1 所示工作任务联系单，熟知本次任务的内容及要求等信息。

表 7-2-1 工作任务联系单

检修项目	机床变频器故障
任务内容	机床变频器控制电路为三相异步电动机变频调速控制电路，考虑设备使用状况和其控制电路特点，决定完成以下检修内容： 1. 更换机床变频器控制电路中损坏和不符合质量要求的低压元器件，重新固定元器件并安装电路。 2. 按照设备大修工艺要求，对电路重新布线。 3. 对大修后的电路进行检测和通电试运行
工艺要求	

续表

检修项目	机床变频器故障				
安全措施					
委托单位		责任人		承接时间	
		联系电话			
承接单位		责任人		完工时间	
		联系电话			
验收意见				验收人	

二、认识变频器

通过观看机床的工作过程，了解三相异步电动机变频调速控制电路。

1. 根据图 7-2-1 所示，简述变频器的基本构成及其作用。

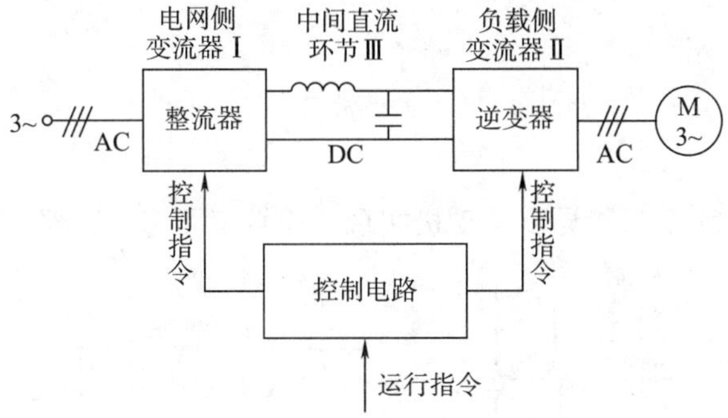

图 7-2-1　变频器的基本构成

2. 简述图 7-2-2 所示三菱 FR-E740 型变频器操作面板各按键的功能。

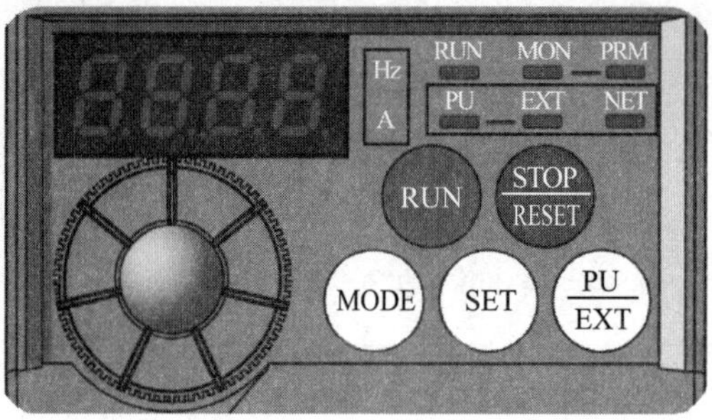

图 7-2-2　三菱 FR-E740 型变频器的操作面板

3. 简述图 7-2-3 所示三相异步电动机实现正反转三段速变频器控制电路的工作原理。

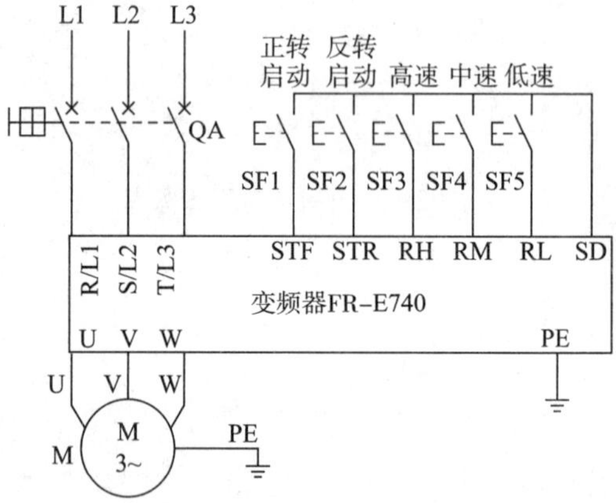

图 7-2-3　三相异步电动机实现正反转三段速变频器控制电路

三、制定工作实施方案

通过工作实施方案的制定，明确任务分工和基本工序流程。

三相异步电动机变频调速控制电路的安装与检修
工作实施方案

1. 施工流程

三相异步电动机变频调速控制电路的安装与检修需要经历三个阶段：准备、安装、检查与测试。

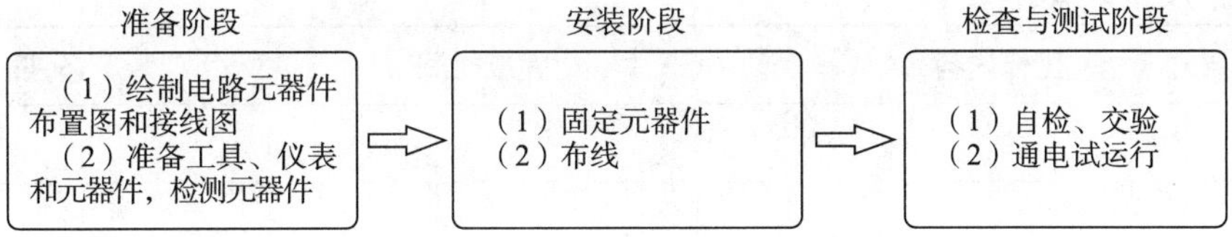

2. 人员分工

（1）小组负责人：__________

（2）小组成员及分工

姓名	分工

3. 工具、材料清单

<table>
<tr><th>类别</th><th colspan="5">项目内容</th><th>备注</th></tr>
<tr><td>工具</td><td colspan="5"></td><td></td></tr>
<tr><td>仪表</td><td colspan="5"></td><td></td></tr>
<tr><td rowspan="6">元器件与器材</td><td>代号</td><td>名称</td><td>型号</td><td>规格</td><td>数量</td><td rowspan="6"></td></tr>
<tr><td></td><td></td><td></td><td></td><td></td></tr>
<tr><td></td><td></td><td></td><td></td><td></td></tr>
<tr><td></td><td></td><td></td><td></td><td></td></tr>
<tr><td></td><td></td><td></td><td></td><td></td></tr>
<tr><td></td><td></td><td></td><td></td><td></td></tr>
</table>

续表

类别	项目内容					备注
	代号	名称	型号	规格	数量	
元器件与器材						

4. 工序及工期安排

序号	工作内容	完成时间	备注

学习活动 2　现场施工

学习目标

1. 能按照要求，在控制板上安装低压电气元件。
2. 能按照工艺要求，完成三相异步电动机实现正反转三段速变频器控制电路的布线。
3. 能正确设置变频器操作面板，对参数进行设置。
4. 能检测三相异步电动机实现正反转三段速变频器控制电路并通电试运行。
5. 能根据变频器的故障码对电路进行分析与检修。
6. 能通过检查与验收查找电路存在的问题，及时改进。
7. 能自觉遵守 6S 规范，清理场地，归置物品。

建议学时：4 学时。

学习过程

一、安装变频器

1. 检查变频器

安装变频器之前先检查变频器，将变频器的检查情况填写在表 7-2-2 中。

表 7-2-2　变频器检查情况记录

变频器检查项目	结果描述
容量铭牌	
额定铭牌	
外部结构	

2. 拆卸和安装变频器操作面板

下面以 FR-E740-11K-CHT 型变频器为例进行介绍。

（1）拆卸前盖板

1）旋松前盖板上的两处固定螺钉，如图 7-2-4 所示。

2）将前盖板 1 按图 7-2-5 所示，沿箭头所示方向向前面拉，将其卸下。

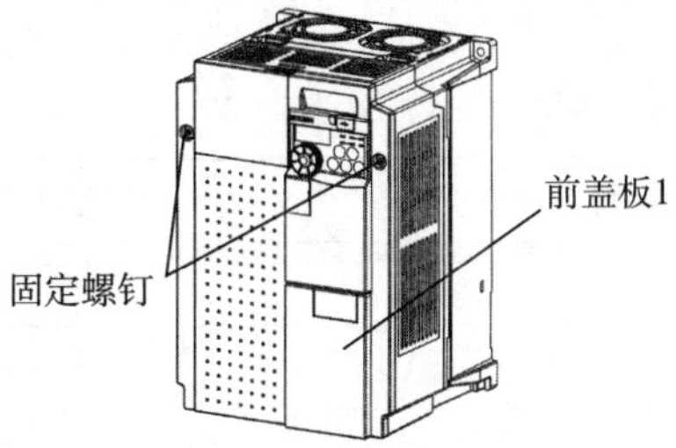

图 7-2-4　旋松前盖板上的两处固定螺钉

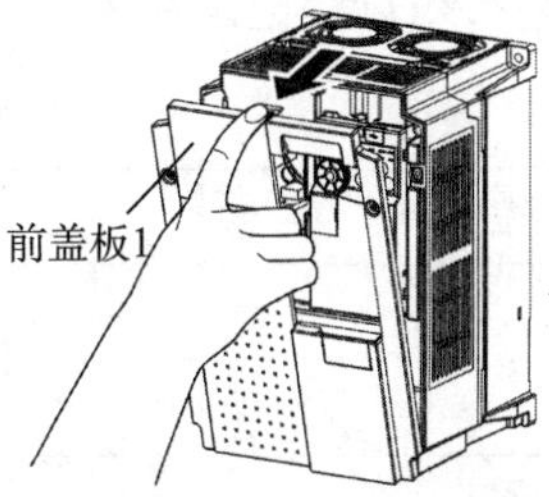

图 7-2-5　将前盖板 1 向前拉出后卸下

3）将前盖板 2 按图 7-2-6 所示，沿箭头所示方向向前面拉，将其卸下。

（2）安装前盖板

1）将前盖板 2 对准主机正面笔直装入，如图 7-2-7 所示。

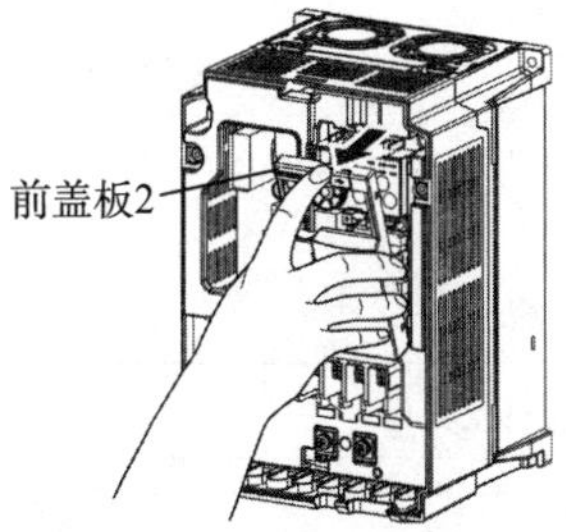

图 7-2-6　将前盖板 2 向前拉出后卸下

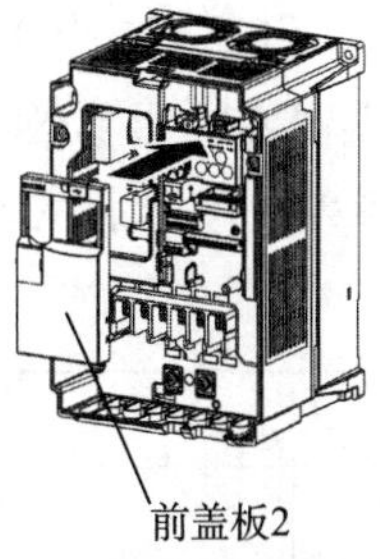

图 7-2-7　将前盖板 2 对准主机正面笔直装入

2）将前盖板 1 下部两处固定卡爪插入主机的接口，如图 7-2-8 所示。

3）拧紧前盖板 1 的两处固定螺钉，如图 7-2-9 所示。

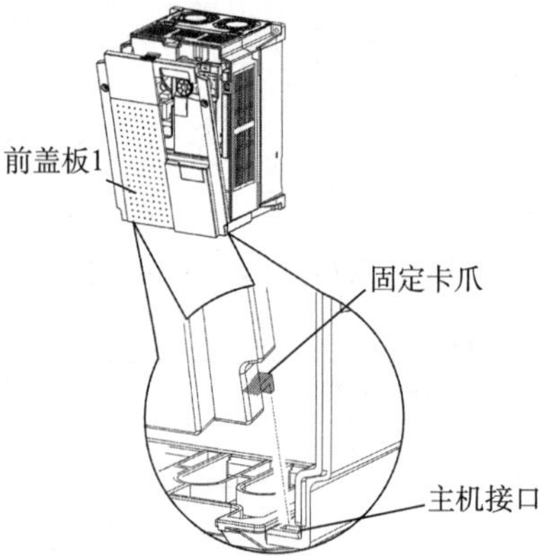

图 7-2-8　将前盖板 1 下部两处固定卡爪插入主机的接口

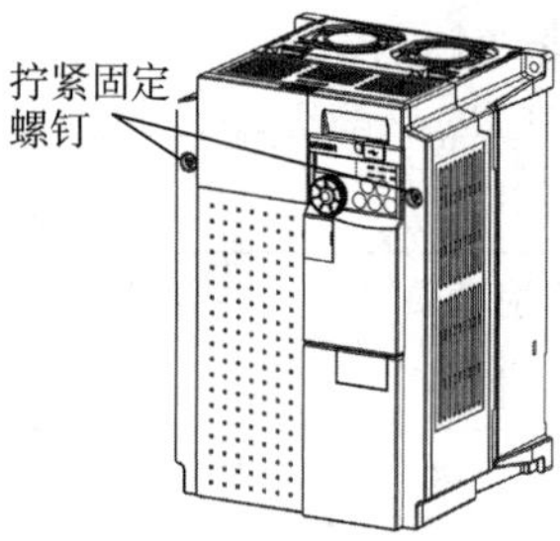

图 7-2-9　拧紧前盖板 1 的两处固定螺钉

二、按照接线图实施三相异步电动机实现正反转三段速变频器控制电路布线

将电路布线过程记录在表 7-2-3 中。

表 7-2-3　电路布线过程记录

线号	两端的元器件代号	连接状态

三、设置变频器参数

1. 练习操作变频器旋钮

进行 MODE、SET、M 旋钮操作练习。

2. 按要求设置变频器参数

将变频器参数设置记录在表 7-2-4 中。

表 7-2-4　变频器参数设置记录

变频器参数号	设置记录
Pr. 1	
Pr. 2	
Pr. 3	

续表

变频器参数号	设置记录
Pr. 4	
Pr. 5	
Pr. 6	
Pr. 7	

四、自检、交验和通电试运行

1. 自检和交验

将自检操作过程记录在表 7-2-5 中。若自检无误，待教师签字后，电路可以通电试运行。

表 7-2-5　自检操作过程记录

检测步骤	存在问题	解决方法
对照接线图，检查各端子线号		
检查主电路		
检查变频器接线		
检查各按钮接线		
检查变频器接地		
用兆欧表检查电路的绝缘电阻		

2. 通电试运行

通电前要进行电路安全检查，并在表 7-2-6 中做好通电试运行过程记录。

表 7-2-6　通电试运行过程记录

试运行步骤	试运行现象	是否存在问题	解决方法
正转控制			
反转控制			
高速运行			
中速运行			
低速运行			

五、检修三相异步电动机实现正反转三段速变频器控制电路故障

1. 熟悉任务流程

参照教材中的任务流程图，熟悉本任务的主要工作步骤。

2. 判断故障并排除

（1）列举变频器保护功能开启后的复位方法。

方法 1：

方法 2：

方法 3：

（2）分析并排除实训电路故障，在表 7-2-7 中做好记录。

表 7-2-7　实训电路的故障现象、故障原因及处理方法

故障现象	故障原因	处理方法
变频器操作面板出现故障代码“HOLD”		
变频器操作面板出现故障代码“Er1”		
变频器操作面板出现故障代码“Er2”		
变频器操作面板出现故障代码“Er4”		
变频器操作面板出现故障代码“Err.”		
变频器操作面板出现故障代码“Fn”		
变频器操作面板出现故障代码“E. ILF *”		
变频器操作面板出现故障代码“E. LF”		

六、检查与验收

1. 自检和互检

在表 7-2-8 中记录自检和互检情况。

表 7-2-8　自检和互检情况记录

检查项目	自检情况	互检情况
接线是否准确		
接线是否符合工艺要求		
电动机运行状态是否正常		

2. 验收

在表 7-2-9 中记录电路验收过程中的问题。

表 7-2-9　验收过程中的问题记录

存在问题	整改措施	完成时间

学习活动 3　评价与总结

学习目标

1. 能展示作业成果，回顾并总结各环节的关键技术。
2. 能完成本任务的综合评价。
3. 能对本任务进行归纳和总结。
4. 能复习并巩固整个任务的知识和技能要点。

建议学时：2 学时。

学习过程

一、展示与回顾

1. 成果展示

以小组为单位，选择实物、演示文稿、展板、海报、视频等形式中的一种或几种，向全班同学汇报学习过程，展示学习成果。

2. 过程回顾

各小组回顾每个学习活动的进展过程、现存问题、改进措施和验收交付等情况，提炼各个活动环节的关键技术。

二、综合评价

针对本任务的学习情况，根据表 7-2-10 所列综合评价标准进行评分。

表 7-2-10　综合评价

评价项目	评价内容及标准	配分/分	评分		
			自我评价（占比 30%）	小组评价（占比 30%）	教师评价（占比 40%）
工作组织和管理	团队合作，合理计划，高效管理时间	5			
	定期检查工作进展和成果	5			
沟通能力	与客户交流，完全理解其要求	10			
计划能力	定期检查工作，将问题最小化	5			
	提出可行性建议，提高客户满意度	10			
安装能力	根据要求设计图样，正确选用元器件	10			
	按照相关技术标准完成电路的安装	20			
检修能力	使用、测试、校准测量设备	10			
	修复检查与验收中发现的问题	25			
学生姓名		综合评价得分			
指导教师		日期			

三、归纳和总结

回顾本任务的学习过程，从电路工作原理的分析，元器件布置图和接线图的绘制，工具、仪表和器材的准备，电路安装、检测和通电试运行及故障检修等方面进行归纳，对学习过程中出现的问题进行反思与总结，优化方案和策略。

四、复习巩固

1. 填空题

（1）变频器是一种利用电力半导体器件的通断作用，将工频交流电源变换成______和______连续可调的交流电源，对交流电动机进行变频调速控制的电力控制设备。

（2）变频器的控制电路为主电路提供控制信号，其主要任务是完成对逆变器中开关元件的__________和提供多种保护功能。控制方式有__________和__________两种。

（3）基准频率（参数号为 Pr. 3）主要用于设定电动机在__________时变频器的输出频率。当用标准电动机时，通常设定为______。

（4）测量变频器主电路绝缘电阻时，必须将所有输入端（R、S、T）和输出端（U、V、W）都连接起来，再用______V 兆欧表测量绝缘电阻，其值应在____MΩ 以上。

（5）用操作面板和外部端子接线共同控制变频器运行，称为________________。FR-E740 系列变频器有____种组合运行模式。

（6）不要对变频器实施__________，如果测试不当，可能会使变频器内部电子元器件损坏。

（7）当变频器的__________、__________达到使用期限后，要及时更换。

（8）当变频调速系统出现故障时，应将检修的重点放在________、__________以外的接口电路部分。

2. 选择题

（1）为保持电动机的效率、功率因数不下降，在变频调速过程中应尽量保持电动机的（　　）基本恒定。

A. 定子电压　　B. 定子电流　　C. 铁芯磁通　　D. 转子电流

（2）FR-E740 系列变频器可以通过外部输入端子 RH、RM 和 RL 的状态设定（　　）段运行速度。

A. 四　　B. 三　　C. 七　　D. 九

（3）加速时间（参数号为 Pr. 7）的设定值就是变频器输出频率从 0 Hz 加速到（　　）频率所需要的时间。

A. 运行　　B. Pr. 3 设定　　C. Pr. 20 设定　　D. Pr. 5 设定

（4）变频器的参数很多，在实训过程中为了使调试能顺利进行，开始运行前需要进行一次“全部清除”操作，将变频器参数恢复为（　　）。

A. 初始值　　B. 最终值　　C. 中间值　　D. 平均值

（5）将 FR-E740 系列变频器的运行模式选择（参数号为 Pr. 79）设定为（　　）时，变频器由操作面板控制电动机的启停，由外部端子 RH、RM、RL 信号或模拟信号控制电动机的运行频率。

A. 2　　B. 3　　C. 4　　D. 6

（6）当 FR-E740 系列变频器输出频率为（　　）（初始值为 0.5 Hz）或以上时，输出信号 RUN 为低电平；正在停止或正在直流制动时，输出信号 RUN 为高电平。

A. 启动频率　　B. 设定频率

C. 上限频率　　D. 下限频率

3. 判断题

（1）在改变频率进行调速时，必须采取措施保持电动机磁通恒定并为额定值。（　　）

（2）通过改变变频器输入端子 RH、RM 和 RL 的状态，只能设定三段运行速度。（　　）

（3）变频器的端子 SD、SE 以及端子 5 是输入输出信号的公共端端子，可以与大地相接。（　　）

（4）当变频器发生故障而又无故障显示时，不能再贸然通电，以免造成更大的损坏。（　　）

课题八 三相绕线转子异步电动机控制电路的安装与检修

任务1 转子回路串电阻启动控制电路的安装与检修

学习目标

1. 能正确地分析转子回路串电阻启动控制电路的工作原理。
2. 能根据电路情况，合理地选择电流继电器的型号和参数。
3. 能合理地安装并使用电流继电器。
4. 能按照工艺要求，正确地安装转子回路串电阻启动控制电路。
5. 能对转子回路串电阻启动控制电路的故障进行分析与检修。
6. 能自觉遵守6S规范，填写验收记录，清理场地，归置物品。

建议学时：8学时。

工作情境描述

某企业的20/5t桥式起重机因工作时间较长，其主钩控制电路出现故障，学院组织相关专业学生对该设备按照一定的工艺进行大修，要求在 2 天内完成 20/5t 桥式起重机主钩控制电路检修、元器件更换和重新安装接线，并对检修后的起重机进行试运行，将检验合格的起重机交付验收。

工作流程与活动

学习活动 1　明确工作任务，进行施工前准备
学习活动 2　现场施工
学习活动 3　评价与总结

学习活动 1　明确工作任务，进行施工前准备

学习目标

1. 能通过阅读工作任务联系单，明确任务内容及要求等信息。
2. 能分析转子回路串电阻启动控制电路的工作原理。
3. 能按照任务要求，通过查找相关资料，确定更换元器件的型号、规格和数量。
4. 能按照任务要求，制定工作实施方案。
5. 能按照任务要求，做好相关安全防护措施。

建议学时：2 学时。

学习过程

一、阅读工作任务联系单

根据工作情境描述，阅读表 8-1-1 所示工作任务联系单，熟知本次任务的内容及要求等信息。

表 8-1-1　工作任务联系单

<table>
<tr><th>检修项目</th><th colspan="5">20/5t 桥式起重机主钩控制电路故障</th></tr>
<tr><td>任务内容</td><td colspan="5">20/5t 桥式起重机主钩控制电路为三相绕线转子异步电动机转子回路串电阻启动控制电路，考虑桥式起重机的使用状况和其控制电路特点，决定完成以下检修内容：
1. 更换 20/5t 桥式起重机主钩控制电路中损坏和不符合质量要求的低压元器件，重新固定元器件并安装电路。
2. 按照设备大修工艺要求，对电路重新布线。
3. 对大修后的电路进行检测和通电试运行</td></tr>
<tr><td>工艺要求</td><td colspan="5"></td></tr>
<tr><td>安全措施</td><td colspan="5"></td></tr>
<tr><td rowspan="2">委托单位</td><td rowspan="2"></td><td>责任人</td><td></td><td rowspan="2">承接时间</td><td rowspan="2"></td></tr>
<tr><td>联系电话</td><td></td></tr>
<tr><td rowspan="2">承接单位</td><td rowspan="2"></td><td>责任人</td><td></td><td rowspan="2">完工时间</td><td rowspan="2"></td></tr>
<tr><td>联系电话</td><td></td></tr>
<tr><td>验收意见</td><td colspan="3"></td><td>验收人</td><td></td></tr>
</table>

二、认识转子回路串电阻启动控制电路

通过观看 20/5t 桥式起重机的工作过程，了解转子回路串电阻启动控制电路。查看 20/5t 桥式起重机的主钩控制电路，了解组成该电路的低压电器。

1. 简述图 8-1-1 所示电流继电器自动控制转子回路串电阻启动控制电路的工作原理。

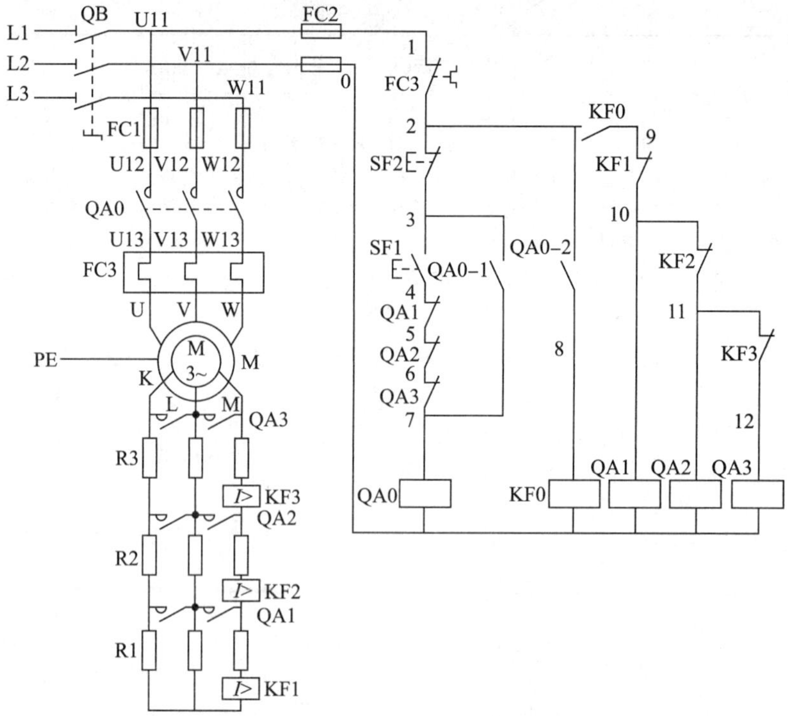

图 8-1-1　电流继电器自动控制转子回路串电阻启动控制电路

2. 根据图 8-1-1 所示电路，画出电流继电器自动控制转子回路串电阻启动控制电路的元器件布置图。

3. 认识电流继电器自动控制转子回路串电阻启动控制电路中的低压电器，在表 8-1-2 中补充所用元器件的名称、符号和在电路中的作用。

表 8-1-2　所用元器件名称、符号和在电路中的作用

元器件	名称	符号	在电路中的作用

三、制定工作实施方案

通过工作实施方案的制定，明确任务分工和基本工序流程。

转子回路串电阻启动控制电路的安装与检修
工作实施方案

1. 施工流程

转子回路串电阻启动控制电路的安装与检修需要经历三个阶段：准备、安装、检查与测试。

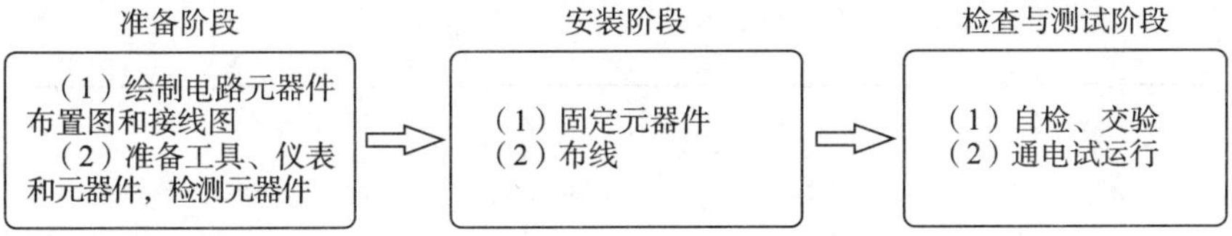

2. 人员分工

（1）小组负责人：__________

（2）小组成员及分工

姓名	分工

3. 工具、材料清单

类别	项目内容	备注
工具		
仪表		

续表

类别	项目内容					备注
	代号	名称	型号	规格	数量	
元器件与器材						

4. 工序及工期安排

序号	工作内容	完成时间	备注

学习活动 2　现场施工

学习目标

1. 能按照要求，在控制板上安装低压电气元件。
2. 能按照工艺要求，完成转子回路串电阻启动控制电路的布线。
3. 能检测转子回路串电阻启动控制电路并通电试运行。
4. 能对转子回路串电阻启动控制电路的故障进行分析与检修。
5. 能通过检查与验收查找电路存在的问题，及时改进。
6. 能自觉遵守 6S 规范，清理场地，归置物品。

建议学时：4 学时。

学习过程

一、根据元器件布置图安装低压电气元件

安装前先检查所有电气元件，确保所有电气元件的功能正常。将电流继电器的检查情况填写在表 8-1-3 中。注意电气元件的安装位置必须与元器件布置图一致。

表 8-1-3　电流继电器检查情况记录

电流继电器检查项目	结果描述
铭牌数据	
外观	
动作灵敏性	
通断情况	

二、按照接线图实施转子回路串电阻启动控制电路布线

1. 布线操作

按照接线图的走线方法，进行板前明线布线和套编码套管。

2. 操作过程

将电路布线过程记录在表 8-1-4 中。

表 8-1-4　电路布线过程记录

线号	两端的元器件代号	连接状态

三、自检、交验和通电试运行

1. 自检和交验

将自检操作过程记录在表 8-1-5 中。若自检无误，待教师签字后，电路可以通电试运行。

表 8-1-5　自检操作过程记录

<table>
<tr><th colspan="3">检测步骤</th><th>存在问题</th><th>解决方法</th></tr>
<tr><td colspan="3">对照接线图，检查各端子线号</td><td></td><td></td></tr>
<tr><td rowspan="5">用万用表检查电路的通断情况</td><td colspan="2">检查主电路</td><td></td><td></td></tr>
<tr><td rowspan="4">检查控制电路</td><td>检查降压启动电路</td><td></td><td></td></tr>
<tr><td>检查全压运行电路</td><td></td><td></td></tr>
<tr><td>检查停机控制</td><td></td><td></td></tr>
<tr><td>检查过载保护环节</td><td></td><td></td></tr>
<tr><td colspan="3">用兆欧表检查电路的绝缘电阻</td><td></td><td></td></tr>
</table>

自检和交验人：　　　　　　　　　　　　　　　　　　　　　　　　复核教师：

2. 通电试运行

通电前要进行电路安全检查，并在表 8-1-6 中做好通电试运行过程记录。

表 8-1-6　通电试运行过程记录

通电试运行步骤	通电试运行现象	是否存在问题	解决方法

四、检修转子回路串电阻启动控制电路

1. 熟悉任务流程

参照教材中的任务流程图，熟悉本任务的主要工作步骤。

2. 判断故障并排除

（1）常见故障举例

故障现象：电动机启动时只有瞬间转动就停机。

1）找出故障范围：根据故障现象分析出故障范围，如图 8-1-2 虚线框中所示。

2）排查故障点：用测量法（电压法）准确而迅速地找出故障点。注意：测量时将万用表置于交流电压 500 V 挡，合上 QB。

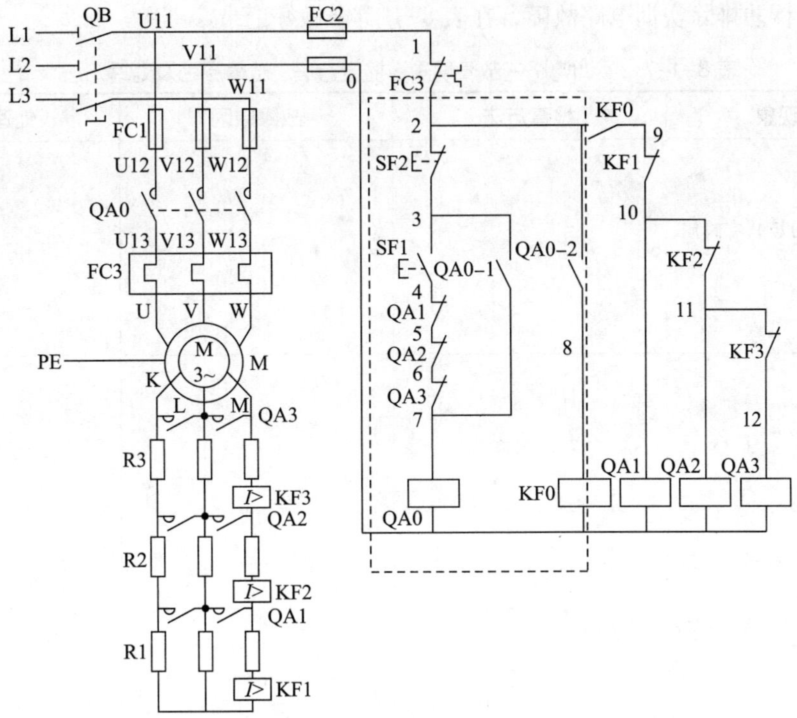

图 8-1-2 判断电路故障

写出测量流程：

3）根据故障点的不同情况，采取正确的修复方法迅速排除故障。

4）排除故障后通电试运行。

（2）分析并排除实训电路故障，在表 8-1-7 中做好记录。

表 8-1-7　实训电路的故障现象、检查方法、故障原因及处理方法

故障现象	检查方法	故障原因	处理方法
电动机启动后只有瞬间转动就停机			
电动机不能启动			
启动电阻过热			

五、检查与验收

1. 自检和互检

在表 8-1-8 中记录自检和互检情况。

表 8-1-8　自检和互检情况记录

检查项目	自检情况	互检情况
接线是否准确		
接线是否符合工艺要求		
电动机运行状态是否正常		

2. 验收

在表 8-1-9 中记录电路验收过程中的问题。

表 8-1-9 验收过程中的问题记录

存在问题	整改措施	完成时间

学习活动 3 评价与总结

学习目标

1. 能展示作业成果，回顾并总结各环节的关键技术。
2. 能完成本任务的综合评价。
3. 能对本任务进行归纳和总结。
4. 能复习并巩固整个任务的知识和技能要点。

建议学时：2 学时。

学习过程

一、展示与回顾

1. 成果展示

以小组为单位，选择实物、演示文稿、展板、海报、视频等形式中的一种或几种，向全班同学汇报学习过程，展示学习成果。

2. 过程回顾

各小组回顾每个学习活动的进展过程、现存问题、改进措施和验收交付等情况，提炼各个活动环节的关键技术。

二、综合评价

针对本任务的学习情况，根据表 8-1-10 列综合评价标准进行评分。

表 8-1-10　综合评价

评价项目	评价内容及标准	配分/分	评分		
			自我评价（占比 30%）	小组评价（占比 30%）	教师评价（占比 40%）
工作组织和管理	团队合作，合理计划，高效管理时间	5			
	定期检查工作进展和成果	5			
沟通能力	与客户交流，完全理解其要求	10			
计划能力	定期检查工作，将问题最小化	5			
	提出可行性建议，提高客户满意度	10			
安装能力	根据要求设计图样，正确选用元器件	10			
	按照相关技术标准完成电路的安装	20			
检修能力	使用、测试、校准测量设备	10			
	修复检查与验收中发现的问题	25			
学生姓名		综合评价得分			
指导教师		日期			

三、归纳和总结

回顾本任务的学习过程，从电路工作原理的分析，元器件布置图和接线图的绘制，工具、仪表和器材的准备，电路安装、检测和通电试运行及故障检修等方面进行归纳，对学习过程中出现的问题进行反思与总结，优化方案和策略。

四、复习巩固

1. 填空题

（1）由于电动机 M 启动时的转子电流较大，三个________________KF1、KF2 和 KF3 ______，它们接在控制电路中的常闭触头都处于______状态，使接触器 QA1、QA2、QA3 的线圈都不能______，接触器在转子电路中的常开触头都处于______状态，启动电阻被全部串接在__________中。

（2）当通过继电器的电流减小到______其整定值时就动作的继电器称为欠电流继电

器。欠电流继电器的吸引电流一般为线圈额定电流的 0.3~0.65 倍，释放电流为额定电流的 0.1~0.2 倍。因此，在电路正常工作时，欠电流继电器的衔铁与铁芯始终是______的。只有当电流降至低于________时，欠电流继电器______发出信号，从而改变电路的状态。

2. 选择题

（1）下述可用于改善三相绕线转子异步电动机启动性能的方法为（　　）。

A. 转子回路串电阻降压启动

B. 星形-三角形降压启动

C. 定子回路串电阻启动

D. 自耦变压器启动

（2）根据三相绕线转子异步电动机启动过程中转子回路串接装置的不同，控制电路分为串电阻启动电路和（　　）启动电路。

A. 串晶体管　　B. 串自耦变压器

C. 串频敏变阻器　　D. 串电抗器

（3）不需调速的三相绕线转子异步电动机常用的启动方法是（　　）。

A. 降压启动　　B. 转子绕组串电阻启动

C. 转子绕组串频敏变电阻器启动　　D. 直接启动

（4）三相绕线转子异步电动机采用转子串电阻启动时，所串电阻越大，启动转矩（　　）。

A. 越大　　B. 越小

C. 不确定　　D. 不变

（5）三相异步电动机的降压启动方法有（　　）。

A. 直接启动

B. 星形-三角形降压启动

C. 定子回路串电阻启动

D. 自耦变压器启动

3. 问答题

（1）三相绕线转子异步电动机的优点是什么？

（2）三相绕线转子异步电动机常用的控制电路有哪几种？

（3）简述欠电流继电器的选用方法。

（4）简述欠电流继电器的安装与使用要求。

任务2　转子回路串频敏变阻器启动控制电路的安装与检修

学习目标

1. 能正确地分析转子回路串频敏变阻器启动控制电路的工作原理。
2. 能根据电路情况，合理地选择频敏变阻器的型号和参数。
3. 能合理地安装并使用频敏变阻器。
4. 能按照工艺要求，正确地安装转子回路串频敏变阻器启动控制电路。
5. 能对转子回路串频敏变阻器启动控制电路的故障进行分析与检修。
6. 能自觉遵守6S规范，填写验收记录，清理场地，归置物品。

建议学时：8学时。

工作情境描述

某煤矿企业的提升机到了大修年限，学院组织相关专业学生对该设备按照一定的工艺进行大修，要求在2天内完成提升机控制电路的检修、元器件更换和重新安装接线，并对检修后的提升机进行试运行，将检验合格的提升机交付验收。

工作流程与活动

学习活动1　明确工作任务，进行施工前准备

学习活动2　现场施工

学习活动3　评价与总结

学习活动1　明确工作任务，进行施工前准备

学习目标

1. 能通过阅读工作任务联系单，明确任务内容及要求等信息。
2. 能分析转子回路串频敏变阻器启动控制电路的工作原理。
3. 能按照任务要求，通过查找相关资料，确定更换元器件的型号、规格和数量。
4. 能按照任务要求，制定工作实施方案。
5. 能按照任务要求，做好相关安全防护措施。

建议学时：2学时。

学习过程

一、阅读工作任务联系单

根据工作情境描述，阅读表8-2-1所示工作任务联系单，熟知本次任务的内容及要求等信息。

表8-2-1　工作任务联系单

检修项目	提升机控制电路大修
任务内容	提升机控制电路为转子回路串频敏变阻器启动控制电路，考虑提升机的使用状况和其控制电路特点，决定完成以下检修内容： 1. 更换提升机控制电路中损坏和不符合质量要求的低压元器件，重新固定元器件并安装电路。 2. 按照设备大修工艺要求，对电路重新布线。 3. 对大修后的电路进行检测和通电试运行
工艺要求	

续表

检修项目	提升机控制电路大修				
安全措施					
委托单位		责任人		承接时间	
		联系电话			
承接单位		责任人		完工时间	
		联系电话			
验收意见				验收人	

二、认识转子回路串频敏变阻器启动控制电路

通过观看提升机的工作过程，了解转子回路串频敏变阻器启动控制电路。查看提升机的控制电路，了解组成该电路的低压电器。

1. 简述图 8-2-1 所示转子回路串频敏变阻器启动控制电路的工作原理。

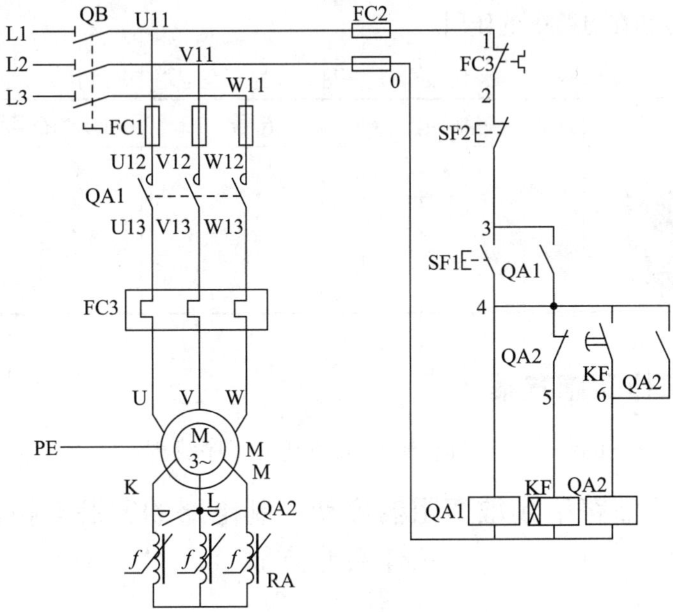

图 8-2-1　转子回路串频敏变阻器启动控制电路

2. 根据图 8-2-1 所示电路，画出转子回路串频敏变阻器启动控制电路的元器件布置图。

3. 认识转子回路串频敏变阻器启动控制电路中的低压电器，在表 8-2-2 中补充所用元器件的名称、符号和在电路中的作用。

表 8-2-2　所用元器件的名称、符号和在电路中的作用

元器件	名称	符号	在电路中的作用

三、制定工作实施方案

通过工作实施方案的制定，明确任务分工和基本工序流程。

转子回路串频敏变阻器启动控制电路的安装与检修
工作实施方案

1. 施工流程

转子回路串频敏变阻器启动控制电路的安装与检修需要经历三个阶段：准备、安装、检查与测试。

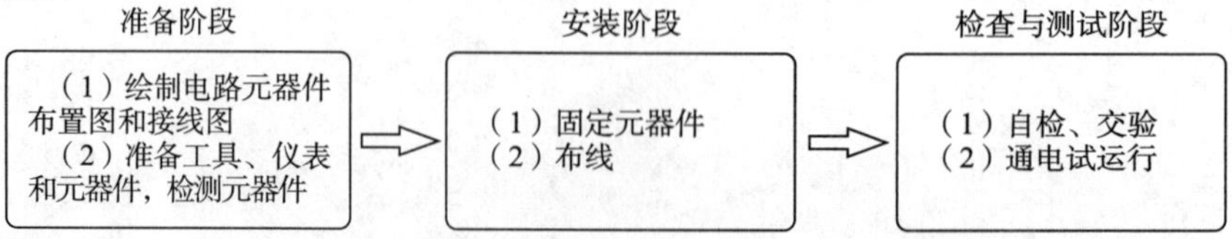

2. 人员分工

（1）小组负责人：________

（2）小组成员及分工

姓名	分工

3. 工具、材料清单

类别	项目内容					备注
工具						
仪表						
元器件与器材	代号	名称	型号	规格	数量	

4. 工序及工期安排

序号	工作内容	完成时间	备注

学习活动 2　现场施工

学习目标

1. 能按照要求，在控制板上安装低压电气元件。
2. 能按照工艺要求，完成转子回路串频敏变阻器启动控制电路的布线。
3. 能检测转子回路串频敏变阻器启动控制电路并通电试运行。
4. 能对转子回路串频敏变阻器启动控制电路的故障进行分析与检修。
5. 能通过检查与验收查找电路存在的问题，及时改进。
6. 能自觉遵守 6S 规范，清理场地，归置物品。

建议学时：4 学时。

学习过程

一、根据元器件布置图安装低压电气元件

安装前先检查所有电气元件，确保所有电气元件的功能正常。将频敏变阻器的检查情况记录在表 8-2-3 中。注意电气元件的安装位置必须与元器件布置图一致。

表 8-2-3　频敏变阻器检查情况记录

频敏变阻器检查项目	结果描述
铭牌数据	
外观	
动作灵敏性	

二、按照接线图实施转子回路串频敏变阻器启动控制电路布线

1. 布线操作

按照接线图的走线方法，进行板前明线布线和套编码套管。

2. 操作过程

将电路布线过程记录在表 8-2-4 中。

表 8-2-4　电路布线过程记录

线号	两端的元器件代号	连接状态

三、自检、交验和通电试运行

1. 自检和交验

将自检操作过程记录在表 8-2-5 中。若自检无误，待教师签字后，电路可以通电试运行。

表 8-2-5　自检操作过程记录

<table>
<tr><th colspan="3">检测步骤</th><th>存在问题</th><th>解决方法</th></tr>
<tr><td colspan="3">对照接线图，检查各端子线号</td><td></td><td></td></tr>
<tr><td rowspan="5">用万用表检查电路的通断情况</td><td colspan="2">检查主电路</td><td></td><td></td></tr>
<tr><td rowspan="4">检查控制电路</td><td>检查降压启动电路</td><td></td><td></td></tr>
<tr><td>检查全压运行电路</td><td></td><td></td></tr>
<tr><td>检查停机控制</td><td></td><td></td></tr>
<tr><td>检查过载保护环节</td><td></td><td></td></tr>
<tr><td colspan="3">用兆欧表检查电路的绝缘电阻</td><td></td><td></td></tr>
</table>

自检和交验人：　　　　　　　　　　　　　　　　　　　　复核教师：

2. 通电试运行

通电前要进行电路安全检查，并在表 8-2-6 中做好通电试运行过程记录。

表 8-2-6　通电试运行过程记录

通电试运行步骤	通电试运行现象	是否存在问题	解决方法

四、检修转子回路串频敏变阻器启动控制电路

1. 熟悉任务流程

参照教材中的任务流程图，熟悉本任务的主要工作步骤。

2. 判断故障并排除

（1）常见故障举例

故障现象：按下 SF1 后 QA1 没有动作。

1）找出故障范围：根据故障现象分析出故障范围，如图 8-2-2 中虚线框所示。

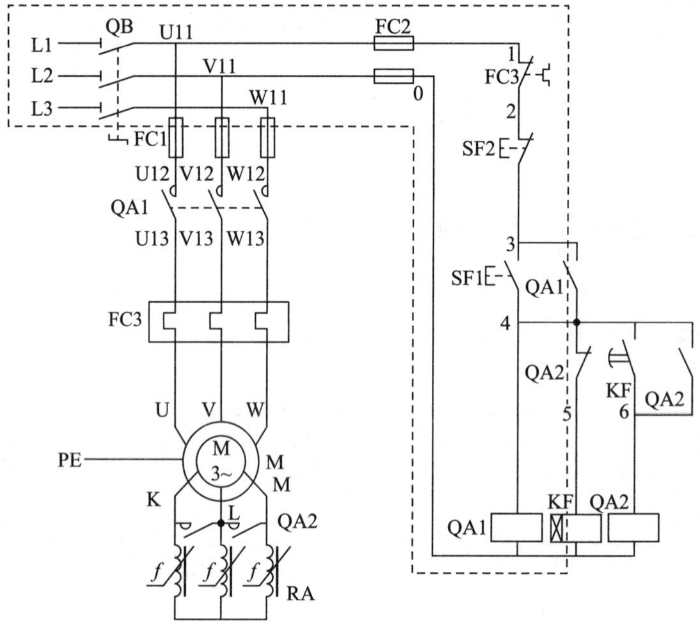

图 8-2-2　判断电路故障

2）排查故障点：用测量法（电压法）准确而迅速地找出故障点。注意：测量时将万用表置于交流电压 500 V 挡，合上 QB。

写出测量流程：

3）根据故障点的不同情况，采取正确的修复方法迅速排除故障。

4）排除故障后通电试运行。

（2）分析并排除实训电路故障，在表 8-2-7 中做好记录。

表 8-2-7　实训电路的故障现象、检查方法、故障原因及处理方法

故障现象	检查方法	故障原因	处理方法
电动机不能启动			
频敏变阻器温度过高			

五、检查与验收

1. 自检和互检

在表 8-2-8 中记录自检和互检情况。

表 8-2-8　自检和互检情况记录

检查项目	自检情况	互检情况
接线是否准确		
接线是否符合工艺要求		
电动机运行状态是否正常		

2. 验收

在表 8-2-9 中记录电路验收过程中的问题。

表 8-2-9　验收过程中的问题记录

存在问题	整改措施	完成时间

学习活动3 评价与总结

学习目标

1. 能展示作业成果，回顾并总结各环节的关键技术。
2. 能完成本任务的综合评价。
3. 能对本任务进行归纳和总结。
4. 能复习并巩固整个任务的知识和技能要点。

建议学时：2学时。

学习过程

一、展示与回顾

1. 成果展示

以小组为单位，选择实物、演示文稿、展板、海报、视频等形式中的一种或几种，向全班同学汇报学习过程，展示学习成果。

2. 过程回顾

各小组回顾每个学习活动的进展过程、现存问题、改进措施和验收交付等情况，提炼各个活动环节的关键技术。

二、综合评价

针对本任务的学习情况，根据表8-2-10所列综合评价标准进行评分。

表8-2-10 综合评价

评价项目	评价内容及标准	配分/分	评分		
			自我评价（占比30%）	小组评价（占比30%）	教师评价（占比40%）
工作组织和管理	团队合作，合理计划，高效管理时间	5			
	定期检查工作进展和成果	5			
沟通能力	与客户交流，完全理解其要求	10			

续表

评价项目	评价内容及标准	配分/分	评分		
			自我评价（占比30%）	小组评价（占比30%）	教师评价（占比40%）
计划能力	定期检查工作，将问题最小化	5			
	提出可行性建议，提高客户满意度	10			
安装能力	根据要求设计图样，正确选用元器件	10			
	按照相关技术标准完成电路的安装	20			
检修能力	使用、测试、校准测量设备	10			
	修复检查与验收中发现的问题	25			
学生姓名		综合评价得分			
指导教师		日期			

三、归纳和总结

回顾本任务的学习过程，从电路工作原理的分析，元器件布置图和接线图的绘制，仪表、工具和器材的准备，电路安装、检测和通电试运行及故障检修等方面进行归纳，对学习过程中出现的问题进行反思与总结，优化方案和策略。

四、复习巩固

1. 填空题

（1）频敏变阻器是一种阻抗值随______明显变化、静止的________电磁元件。它实质上是一个__________非常大的三相电抗器，主要由______和______两部分组成。

（2）三相绕线转子异步电动机启动时，只需用一级频敏变阻器串在__________中，就可以平稳地把电动机启动起来，启动完毕__________频敏变阻器。

（3）拧下频敏变阻器螺栓上的螺母，可以在上、下铁芯之间增减____________，以调整______长度。

（4）频敏变阻器的绕组有 4 个抽头，一个抽头在绕组的______，标号为 N；另外三个抽头在绕组的______，标号分别为 1、2、3。抽头 1 与抽头 N 之间为______匝数，抽头 2 与抽头 N 之间为______匝数，抽头 3 与抽头 N 之间为______匝数。出厂时三组绕组均接在______匝数抽头处，并接成____形。

2. 问答题

（1）为什么用频敏变阻器代替启动电阻来控制三相绕线转子异步电动机的启动？其优缺点是什么？

（2）安装和使用频敏变阻器时应注意哪些问题？

（3）用频敏变阻器启动三相绕线转子异步电动机的优点是什么？

任务 3　凸轮控制器控制转子回路串电阻启动控制电路的安装与检修

学习目标

1. 能正确地分析凸轮控制器控制转子回路串电阻启动控制电路的工作原理。
2. 能根据电路情况，合理地选择凸轮控制器的型号和参数。
3. 能合理地安装并使用凸轮控制器。
4. 能按照工艺要求，正确地安装凸轮控制器控制转子回路串电阻启动控制电路。
5. 能对凸轮控制器控制转子回路串电阻启动控制电路的故障进行分析与检修。
6. 能自觉遵守 6S 规范，填写验收记录，清理场地，归置物品。

建议学时：8 学时。

工作情境描述

某企业的 20/5t 桥式起重机因工作时间较长，其副钩控制电路出现故障，学院组织相关专业学生对该设备按照一定的工艺进行大修，要求在 2 天内完成 20/5t 桥式起重机副钩控制电路的检修、元器件更换和重新安装接线，并对检修后的起重机进行试运行，将检验合格的起重机交付验收。

工作流程与活动

学习活动 1　明确工作任务，进行施工前准备
学习活动 2　现场施工
学习活动 3　评价与总结

学习活动 1　明确工作任务，进行施工前准备

学习目标

1. 能通过阅读工作任务联系单，明确任务内容及要求等信息。
2. 能分析凸轮控制器控制转子回路串电阻启动控制电路的工作原理。
3. 能按照任务要求，通过查找相关资料，确定更换元器件的型号、规格和数量。
4. 能按照任务要求，制定工作实施方案。
5. 能按照任务要求，做好相关安全防护措施。

建议学时：2 学时。

学习过程

一、阅读工作任务联系单

根据工作情境描述，阅读表 8-3-1 所示工作任务联系单，熟知本次任务的内容及要求等信息。

表 8-3-1　工作任务联系单

<table>
<tr><td>检修项目</td><td colspan="5">20/5t 桥式起重机副钩控制电路故障</td></tr>
<tr><td>任务内容</td><td colspan="5">20/5t 桥式起重机副钩控制电路为凸轮控制器控制转子回路串电阻启动控制电路，考虑桥式起重机的使用状况和其控制电路特点，决定完成以下检修内容：
1. 更换 20/5t 桥式起重机副钩控制电路中损坏和不符合质量要求的低压元器件，重新固定元器件并安装电路。
2. 按照设备大修工艺要求，对电路重新布线。
3. 对大修后的电路进行检测和通电试运行</td></tr>
<tr><td>工艺要求</td><td colspan="5"></td></tr>
<tr><td>安全措施</td><td colspan="5"></td></tr>
<tr><td rowspan="2">委托单位</td><td rowspan="2"></td><td>责任人</td><td></td><td rowspan="2">承接时间</td><td rowspan="2"></td></tr>
<tr><td>联系电话</td><td></td></tr>
<tr><td rowspan="2">承接单位</td><td rowspan="2"></td><td>责任人</td><td></td><td rowspan="2">完工时间</td><td rowspan="2"></td></tr>
<tr><td>联系电话</td><td></td></tr>
<tr><td>验收意见</td><td colspan="3"></td><td>验收人</td><td></td></tr>
</table>

二、认识凸轮控制器控制转子回路串电阻启动控制电路

通过观看 20/5t 桥式起重机的工作过程，了解凸轮控制器控制转子回路串电阻启动控制电路。查看 20/5t 桥式起重机副钩控制电路，了解组成该电路的低压电器。

1. 简述图 8-3-1 所示凸轮控制器控制转子回路串电阻启动控制电路的工作原理。

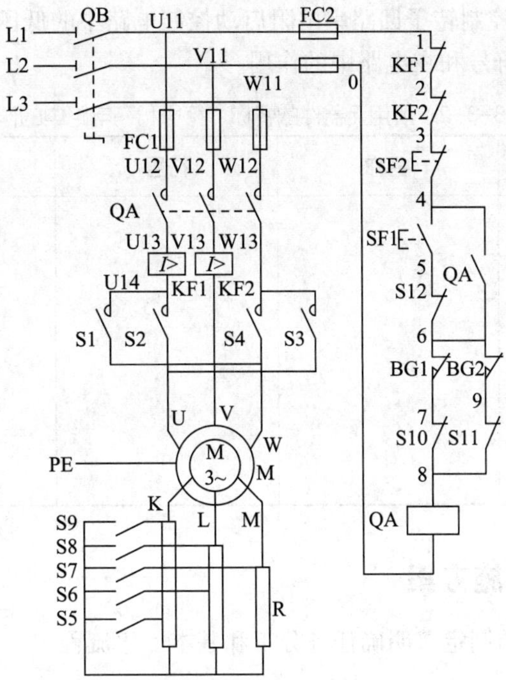

图 8-3-1　凸轮控制器控制转子回路串电阻启动控制电路

2. 根据图 8-3-1 所示电路，画出凸轮控制器控制转子回路串电阻启动控制电路的元器件布置图。

3. 认识凸轮控制器控制转子回路串电阻启动控制电路中的低压电器，在表 8-3-2 中补充所用元器件的名称、符号和在电路中的作用。

表 8-3-2　所用元器件的名称、符号和在电路中的作用

元器件	名称	符号	在电路中的作用

三、制定工作实施方案

通过工作实施方案的制定，明确任务分工和基本工序流程。

凸轮控制器控制转子回路串电阻启动控制电路的安装与检修
工作实施方案

1. 施工流程

凸轮控制器控制转子回路串电阻启动控制电路的安装与检修需要经历三个阶段：准备、安装、检查与测试。

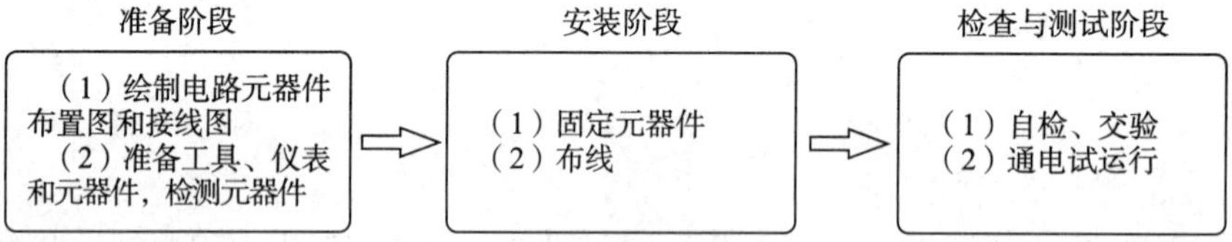

2. 人员分工

（1）小组负责人：__________

（2）小组成员及分工

姓名	分工

3. 工具、材料清单

类别	项目内容					备注
工具						
仪表						
元器件与器材	代号	名称	型号	规格	数量	

4. 工序及工期安排

序号	工作内容	完成时间	备注

学习活动 2　现场施工

学习目标

1. 能按照要求，在控制板上安装低压电气元件。
2. 能按照工艺要求，完成凸轮控制器控制转子回路串电阻启动控制电路的布线。
3. 能检测凸轮控制器控制转子回路串电阻启动控制电路并通电试运行。
4. 能对凸轮控制器控制转子回路串电阻启动控制电路的故障进行分析与检修。
5. 能通过检查与验收查找电路存在的问题，及时改进。
6. 能自觉遵守 6S 规范，清理场地，归置物品。

建议学时：4 学时。

学习过程

一、根据元器件布置图安装低压电气元件

安装前先检查所有电气元件，确保所有电气元件的功能正常。将凸轮控制器的检查情况填写在表 8-3-3 中。注意电气元件的安装位置必须与元器件布置图一致。

表 8-3-3　凸轮控制器检查情况记录

凸轮控制器检查项目	结果描述
铭牌数据	
外观	
动作灵敏性	
通断情况	

二、按照接线图实施凸轮控制器控制转子回路串电阻启动控制电路布线

1. 布线操作

按照接线图的走线方法，进行板前明线布线和套编码套管。

2. 操作过程

将电路布线过程记录在表 8-3-4 中。

表 8-3-4　电路布线过程记录

线号	两端的元器件代号	连接状态

三、自检、交验和通电试运行

1. 自检和交验

将自检操作过程记录在表 8-3-5 中。若自检无误，待教师签字后，电路可以通电试运行。

表 8-3-5　自检操作过程记录

<table>
<tr><th colspan="3">检测步骤</th><th>存在问题</th><th>解决方法</th></tr>
<tr><td colspan="3">对照接线图，检查各端子线号</td><td></td><td></td></tr>
<tr><td rowspan="5">用万用表检查电路的通断情况</td><td colspan="2">检查主电路</td><td></td><td></td></tr>
<tr><td rowspan="4">检查控制电路</td><td>检查降压启动电路</td><td></td><td></td></tr>
<tr><td>检查全压运行电路</td><td></td><td></td></tr>
<tr><td>检查停机控制</td><td></td><td></td></tr>
<tr><td>检查过载保护环节</td><td></td><td></td></tr>
<tr><td colspan="3">用兆欧表检查电路的绝缘电阻</td><td></td><td></td></tr>
</table>

自检和交验人：　　　　　　　　　　　　　　　　　　复核教师：

2. 通电试运行

通电前要进行电路安全检查，并在表 8-3-6 中做好通电试运行过程记录。

表 8-3-6　通电试运行过程记录

通电试运行步骤	通电试运行现象	是否存在问题	解决方法

四、检修凸轮控制器控制转子回路串电阻启动控制电路

1. 熟悉任务流程

参照教材中的任务流程图，熟悉本任务的主要工作步骤。

2. 判断故障并排除

（1）常见故障举例

故障现象：按下 SF1 后 QA 没有动作。

1）找出故障范围：根据故障现象分析出故障范围，如图 8-3-2 中虚线框所示。

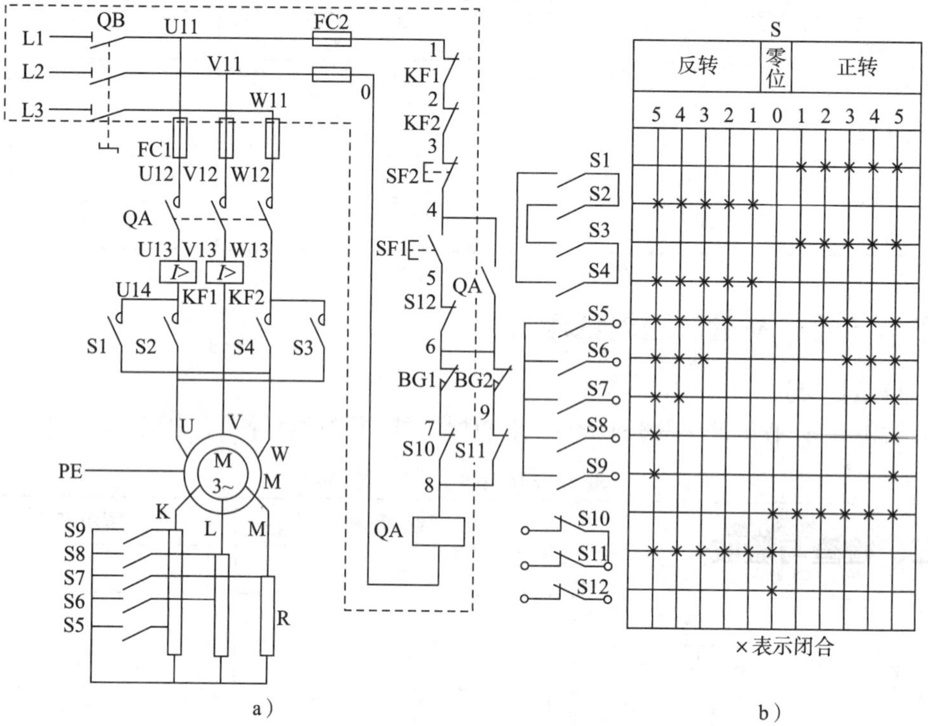

图 8-3-2　判断电路故障

a）故障电路　b）凸轮控制器的触头分合表

2）排查故障点：用测量法（电压法）准确而迅速地找出故障点。注意：测量时将万用表置于交流电压 500 V 挡，合上 QB。

写出测量流程：

3）根据故障点的不同情况，采取正确的修复方法迅速排除故障。

4）排除故障后通电试运行。

（2）分析并排除实训电路故障，在表 8-3-7 中做好记录。

表 8-3-7　实训电路的故障现象、检查方法、故障原因及处理方法

故障现象	检查方法	故障原因	处理方法
电动机不能启动，按下 SF1 后，QA 没有动作			
电动机不能启动，但按下 SF1 后，QA 有动作			

五、检查与验收

1. 自检和互检

在表 8-3-8 中记录自检和互检情况。

表 8-3-8　自检和互检情况记录

检查项目	自检情况	互检情况
接线是否准确		
接线是否符合工艺要求		
电动机运行状态是否正常		

2. 验收

在表 8-3-9 中记录电路验收过程中的问题。

表 8-3-9　验收过程中的问题记录

存在问题	整改措施	完成时间

学习活动 3　评价与总结

学习目标

1. 能展示作业成果，回顾并总结各环节的关键技术。
2. 能完成本任务的综合评价。
3. 能对本任务进行归纳和总结。
4. 能复习并巩固整个任务的知识和技能要点。

建议学时：2 学时。

学习过程

一、展示与回顾

1. 成果展示

以小组为单位，选择实物、演示文稿、展板、海报、视频等形式中的一种或几种，向全班同学汇报学习过程，展示学习成果。

2. 过程回顾

各小组回顾每个学习活动的进展过程、现存问题、改进措施和验收交付等情况，提炼各个活动环节的关键技术。

二、综合评价

针对本任务的学习情况，根据表 8-3-10 所列综合评价标准进行评分。

表 8-3-10　综合评价

评价项目	评价内容及标准	配分/分	评分		
			自我评价（占比 30%）	小组评价（占比 30%）	教师评价（占比 40%）
工作组织和管理	团队合作，合理计划，高效管理时间	5			
	定期检查工作进展和成果	5			
沟通能力	与客户交流，完全理解其要求	10			

续表

评价项目	评价内容及标准	配分/分	评分		
			自我评价（占比30%）	小组评价（占比30%）	教师评价（占比40%）
计划能力	定期检查工作，将问题最小化	5			
	提出可行性建议，提高客户满意度	10			
安装能力	根据要求设计图样，正确选用元器件	10			
	按照相关技术标准完成电路的安装	20			
检修能力	使用、测试、校准测量设备	10			
	修复检查与验收中发现的问题	25			
学生姓名		综合评价得分			
指导教师		日期			

三、归纳和总结

回顾本任务的学习过程，从电路工作原理的分析，元器件布置图和接线图的绘制，工具、仪表和器材的准备，电路安装、检测和通电试运行及故障检修等方面进行归纳，对学习过程中出现的问题进行反思与总结，优化方案和策略。

四、复习巩固

1. 填空题

（1）凸轮控制器是利用______来操作动触头动作的控制器，主要用于控制容量不大于____kW 的中小型__________异步电动机的启动、调速和换向，在桥式起重机等设备中得到广泛应用。

（2）KTJ1 系列凸轮控制器主要由______、__________、______、______和______等部分组成。

（3）KTJ1 系列凸轮控制器的触头系统共有____对触头，其中，____对为常开触头，____对为常闭触头。

（4）凸轮控制器必须牢固可靠地用安装螺钉固定在______或______上，其金属外壳上的接地螺钉必须与________可靠连接。

（5）凸轮控制器启动操作时，手轮不能转动______，应逐级启动，以防止电动机的__________过大。停止使用时，应将手轮准确地停在______。

2. 问答题

（1）在凸轮控制器的操作中有哪些注意事项？

（2）在凸轮控制器的安装中有哪些注意事项？